Malattia di Parkinson e parkinsonismi

Alberto Costa · Carlo Caltagirone

Malattia di Parkinson e parkinsonismi

La prospettiva delle neuroscienze cognitive

 Springer

a cura di

Alberto Costa
IRCCS Fondazione S. Lucia
Roma

Carlo Caltagirone
Università di Roma "Tor Vergata"
IRCCS Fondazione S. Lucia
Roma

ISBN 978-88-470-1489-3   ISBN 978-88-470-1490-9 (eBook)

DOI 10.1007/978-88-470-1490-9

In copertina: Titolo dell'opera "Spazio-Silenzio", puntasecca (14x22), Alessandro Barbarossa
Layout copertina: Simona Colombo, Milano

Impaginazione: Graphostudio, Milano
Stampa: Arti Grafiche Nidasio, Assago (MI)

Springer-Verlag Italia S.r.l., Via Decembrio 28, I-20137 Milano
Springer fa parte di Springer Science+Business Media (www.springer.com)

È significativo che in un libro sul Parkinson, la prima parola sia data a un parkinsoniano. È un segnale per indicare l'orientamento etico nel rapporto medico-malato, che si riflette anche quando il medico prende la penna in mano per scrivere di patologie e terapie: al centro dell'attenzione ci sono i bisogni e le sofferenze della persona malata. Se è per l'utente che ci stiamo adoperando, si sono detti i curatori e gli altri co-autori dell'opera, perché non lo interpelliamo, gli diamo una voce, un sia pur piccolo, ma rappresentativo, spazio di espressione?

Dalla magica frase dell'etica di servizio: "Cosa posso fare per lei?" nasce la domanda che mi hanno posto i curatori dell'opera: "Trova che questo libro che stiamo scrivendo vada incontro, in qualche modo, ai suoi bisogni in termini di salute e qualità della vita?"

Rispondo come malato - la diagnosi è di cinque anni fa - e come "utente esperto", nel senso che ho una preparazione sufficiente per esprimermi sui contenuti.

Premessa per chi comincia a leggere da qui. Il testo, in effetti una raccolta ordinata di contributi di alto profilo professionale, è incentrato sul deficit neuropsicologico e cognitivo in particolare, che di solito accompagna l'evoluzione di Parkinson e parkinsonismi. Tratta cioè dei danni a livello di memoria e altre funzioni mentali piuttosto che del tremore e altri disturbi del movimento, aspetto quest'ultimo ben più manifesto all'esterno e peraltro molto più studiato e attrezzato in termini di farmacologia, clinica, assistenza e riabilitazione.

Come parkinsoniano confermo pienamente la ragion d'essere del libro: la malattia incide anche sulle facoltà mentali in maniera tendenzialmente progressiva. È una debilitazione che, con l'andar del tempo, può inficiare la qualità della vita dei malati quanto se non di più della disabilità fisica. Ne so qualcosa personalmente e posso notarlo chiaramente nei parkinsoniani che conosco. E so anche che, mentre sul piano dei disturbi motori posso attendermi diagnosi, terapia e riabilitazione al meglio delle prassi conosciute, per quanto concerne invece il trattamento del deficit cognitivo trovo praticamente il vuoto, o quasi.

Sentirsi sempre meno abili nell'attenzione, nei tempi di reazione, nel ricordo anche di cose familiari, nell'apprendimento di cose nuove è duro da accettare. Non è facile convivere con questa spoliazione progressiva delle tue facoltà mentali, della tua stessa immagine personale e sociale. So bene, frequentando la comunità dei parkinsoniani, quanto questo impoverimento mentale, associato alla debilitazione neuromuscolare, inneschi sovente circoli viziosi con la depressione, la solitudine, la perdita di autostima. Anche il lato affettivo ed emotivo ne risente malamente. Senza parlare della paura di finire nella demenza e dei pensieri di suicidio.

Non che sia impossibile reagire. Molti parkinsoniani, e io sono fra questi, non si danno per vinti e continuano a cogliere quanto di meglio la vita può loro offrire. Continuano a lavorare, producono, si creano nuovi interessi. Mantenendo corpo e mente impegnati, si fanno da soli un gran bene e ritardano il progredire della malattia. Ci sono perfino momenti in cui il rumore di fondo del male sparisce del tutto sotto la furia dell'impegno.

Anche i più reattivi fra noi fanno comunque fatica, tanta, a mantenere standard prestazionali soddisfacenti sul lavoro e nella vita di relazione. Pertanto, anche nel deficit neuropsicologico e cognitivo in particolare, un aiuto sotto forma di farmaci specifici, possibilmente con effetti collaterali minimi, o di protocolli riabilitativi, possibilmente praticabili con facilità, ci renderebbe veramente un grande servizio in termini di qualità della vita.

Come "utente esperto" trovo innanzitutto che il libro colmi un vuoto di saperi in materia nel panorama della letteratura medica italiana. Non parla direttamente al parkinsoniano, il linguaggio è divulgativo ma pur sempre tecnico-professionale. Parla per lui, a tutti coloro che lavorano per lui, in campo clinico, riabilitativo e assistenziale. Se il linguaggio è teorico, la finalità è invece pratica, nel senso che non c'è niente di più pratico di una buona teoria che serva a migliorare la prassi.

Gli Autori si pongono la domanda: che stiamo facendo sul fronte del deficit nelle funzioni mentali, che si può fare di meglio? E rispondono mettendo su carta e condividendo i loro saperi ed esperienze per incrementare la forza d'urto nella guerra contro questo subdolo male, anche sul terreno del deficit cognitivo.

Cosa posso fare per lei?

La risposta da parte di noi parkinsoniani è semplice: in attesa, se mai sarà, di terapie risolutive, è importante consolidare e progredire in conoscenza e prassi terapeutiche e riabilitative per fermare per quanto possibile, o almeno frenare, anche il degrado delle funzioni cognitive. Libri come questo appunto, sono per noi. Grazie.

Angelo Lombardini

Prefazione

La malattia di Parkinson è una sindrome neurodegenerativa il cui quadro clinico è primariamente caratterizzato da un disordine del movimento. Coerentemente con l'assunzione originaria di James Parkinson, per lungo tempo si è ritenuto che la sfera cognitiva non fosse coinvolta nella malattia. Gli studi condotti nelle ultime tre decadi hanno, però, messo in discussione questa idea aprendo una nuova e ampia "finestra" conoscitiva sui disturbi neuropsicologici che possono presentarsi in questa popolazione di pazienti. Un largo consenso è, infatti, presente in letteratura sulla considerazione che, al di là del rischio di demenza, deficit cognitivi lievi e selettivi accompagnino il paziente sin dalle fasi iniziali e acquisiscano maggiore gravità con il progredire della malattia. L'impiego di strumenti sempre più raffinati per l'indagine neuropsicologica e di *neuroimaging* ha inoltre consentito, da un lato, di condurre analisi qualitative approfondite dei profili cognitivi di questi pazienti e, dall'altro lato, di formulare coerenti modelli di interpretazione neurobiologica. Conseguentemente, rilevanti passi in avanti sono stati compiuti nella differenziazione dei profili di compromissione cognitiva delle sindromi neurodegenerative con coinvolgimento del sistema extrapiramidale, aspetto, questo, che appare di chiaro interesse clinico.

L'idea di un volume che tratti dei disturbi cognitivi nella malattia di Parkinson muove dall'opportunità, che si configura, in realtà, come "urgenza", di fare un punto sullo stato dell'arte attraverso la raccolta ordinata dei contributi scientifici più rilevanti sull'argomento. In questa prospettiva, dunque, il volume è senz'altro rivolto a ricercatori e professionisti del settore, ma può anche essere un valido strumento di riferimento per soggetti in formazione. Gli Autori sono stati scelti in base alle competenze specifiche di ciascuno in ambito clinico e di ricerca e, seppure provenienti da "culture" diverse, sono tra loro legati dal filo rosso rappresentato dal comune interesse per le neuroscienze cognitive.

Attualmente non è presente in Italia un volume che si sia occupato in modo compiuto dei disturbi cognitivi nella malattia di Parkinson e, dunque, nelle intenzioni degli Autori la presente opera può costituire un primo interessante momento di analisi ragionata sull'argomento.

Roma, settembre 2009

Alberto Costa
Carlo Caltagirone

Indice

5   Valutazione neuropsicologica nella malattia di Parkinson   81
Lucia Fadda e Giovanni Augusto Carlesimo

6   Basi neurobiologiche dei deficit cognitivi nella malattia di Parkinson   99
Massimiliano Di Filippo e Paolo Calabresi

Elenco degli Autori

Marco Bozzali
IRCCS Fondazione S. Lucia
Roma

Paolo Calabresi
Clinica Neurologica
Università degli Studi di Perugia
Perugia
IRCCS Fondazione S. Lucia
Roma

Carlo Caltagirone
Clinica Neurologica
Università di Roma "Tor Vergata"
IRCCS Fondazione S. Lucia
Roma

Giovanni Augusto Carlesimo
Clinica Neurologica
Università di Roma "Tor Vergata"
IRCCS Fondazione S. Lucia
Roma

Alberto Costa
IRCCS Fondazione S. Lucia
Roma

Massimiliano Di Filippo
Clinica Neurologica
Università degli Studi di Perugia
Perugia
IRCCS Fondazione S. Lucia
Roma

Lucia Fadda
Clinica Neurologica
Università di Roma "Tor Vergata"
IRCCS Fondazione S. Lucia
Roma

Renata Mangano
Dipartimento di Psicologia
Università di Palermo
Palermo
IRCCS Fondazione S. Lucia
Roma

Massimo Musicco
Istituto di Tecnologie Biomediche
Consiglio Nazionale delle Ricerce
Segrate, Milano

Massimiliano Oliveri
Dipartimento di Psicologia
Università di Palermo
Palermo
IRCCS Fondazione S. Lucia
Roma

Antonella Peppe
IRCCS Fondazione S. Lucia
Roma

Roberta Perri
IRCCS Fondazione S. Lucia
Roma

Laura Serra
IRCCS Fondazione S. Lucia
Roma

Clinica e terapia della malattia di Parkinson

1

A. Peppe

1.1
Introduzione

La malattia di Parkinson (MP) è una patologia degenerativa del Sistema Nervoso Centrale (SNC) caratterizzata da rallentamento motorio, rigidità muscolare e tremore e, da un punto di vista morfologico, dalla degenerazione dei neuroni della zona compatta della sostanza nera del mesencefalo ventrale. La MP è una delle più comuni cause di disabilità neurologica, colpendo l'1% della popolazione sopra i 55 anni di età (Schoenberg, 1987).

1.2
Etiologia e patogenesi

Fin dai primi anni, dopo l'iniziale osservazione di James Parkinson (1817), molti Autori cercarono, peraltro senza successo, una singola causa della malattia. Charcot nel 1878 incolpò lo stress; quindi fu considerata una possibile causa ereditaria, infettiva, nonché un'anormalità del sistema endocrino. Recenti osservazioni suggeriscono una genesi multifattoriale, piuttosto che il risultato di un singolo fattore. In particolare, la malattia potrebbe essere il risultato della combinazione di una predisposizione genetica e della esposizione protratta a una o più sostanze tossiche. Questa tesi è sostenuta dalla scoperta di un gruppo di parkinsoniani giovani del Nord della California, effettuata nel 1984 da Langston e colleghi (Langston e Ballard, 1984).

A. Peppe (✉)
IRCCS Fondazione S. Lucia, Roma

Malattia di Parkinson e parkinsonismi. Alberto Costa, Carlo Caltagirone (a cura di)
© Springer-Verlag Italia 2009

La malattia era esordita in maniera acuta e andamento tumultuoso e ciò differiva dall'inizio subdolo e insidioso e dalla lenta progressione (che si verifica per lo più in decenni) della forma classica. Tutti i pazienti affetti erano tossicodipendenti e in ogni caso il parkinsonismo si sviluppò dopo l'uso endovenoso di un composto narcotico di sintesi denominato "nuova eroina". Gli Autori descrivevano anche il caso di un giovane studente di chimica che, dopo essersi iniettato la sostanza in vena, aveva sviluppato la malattia. L'esame autoptico del giovane, morto successivamente per una overdose, rilevava le stesse alterazioni cerebrali riscontrate nei pazienti affetti da MP. Dopo un lavoro minuzioso di ricerca, la sostanza tossica venne identificata con una piridina: la tetraidropiridina, chiamata più semplicemente MPTP. Purtroppo, anche se in questo caso è apparsa chiaramente la relazione tra una sostanza neurotossica e il successivo sviluppo del parkinsonismo, non sono state ancora chiarite l'etiologia e la patogenesi della forma classica della malattia. Si può soltanto supporre che sostanze simili alla MPTP agiscano come tossine, provocando la morte delle cellule della sostanza nera e la successiva comparsa della malattia. Vi sono inoltre correlazioni che ancora attendono risposte precise, quali il basso numero di ipertesi tra i malati di Parkinson o l'alta frequenza di traumi cranici e di pazienti che eseguono una dieta povera di verdure. Singolare e curiosa appare inoltre la bassa percentuale di fumatori tra i malati di Parkinson, come se il fumo di sigaretta esercitasse una azione protettiva (Marttila e Rinne, 1980). Nessuna responsabilità va attribuita all'alcool in quanto il consumo di alcolici dei malati di Parkinson è uguale a quello riscontrato in soggetti normali. Sembra che un esercizio fisico moderato sia associato a un rischio leggermente ridotto di malattia. L'approccio genetico molecolare ha permesso negli ultimi anni importanti progressi nella comprensione delle cause e dei meccanismi della MP e di molte altre malattie neurodegenerative. Lo scenario che si va delineando è caratterizzato da una notevole eterogeneità eziologica. Alcune rare forme mendeliane della MP sono state infatti enucleate e il gene difettoso è stato identificato in una forma a trasmissione autosomica dominante (-y nucleina) e in una forma recessiva (parkin). Una mutazione è stata inoltre identificata nel gene ubiquitina idrossilasi C-terminale-L1 (UCH-L1) in una famiglia con MP, il cui ruolo patogeno rimane tuttavia da dimostrare. In due ulteriori forme autosomiche dominanti della malattia, il difetto genetico è stato localizzato (sui cromosomi 2 e 4 rispettivamente), ma i geni restano sconosciuti. È verosimile che altre forme monogeniche potranno essere identificate in futuro. Nelle forme comuni della malattia, che si presentano usualmente in forma sporadica, le cause restano sconosciute e i modelli monogenici appaiono inadeguati. In queste forme, una complessa interazione di molti fattori di tipo genetico e non genetico è probabilmente alla base della malattia. Tuttavia, la dissezione molecolare delle rare forme mendeliane sta delineando alcuni meccanismi che hanno importanti implicazioni anche nella patogenesi delle forme comuni non mendeliane della MP. La lesione fondamentale della MP è la degenerazione della *pars compacta* della sostanza nera (Hassler, 1938), parte integrante dei nuclei della base, filogeneticamente appartenenti al paleoencefalo. Tale degenerazione è focale a carico della zona centrale e caudale della *pars compacta* della sostanza nera, associata a una lieve gliosi a livello del *locus coeruleus* e dei nuclei dorsali del vago, e può coinvolgere spesso il nucleo basale del Meynert e altri nuclei sottocorticali (Hornykiewicz,

1973). Frequentemente si ritrovano nella *substantia nigra* e nel *locus coeruleus* noradrenergico delle masse intracitoplasmatiche, singole o multiple, sferiche, acidofile e policromatofile che presentano un nucleo denso con alone periferico, denominate "corpi di Lewy", dal primo neuropatologo che ne individuò la presenza in pazienti con MP.

Alterazioni biochimiche. I dati biochimici indicano la presenza di lesioni prevalenti dei sistemi dopaminergici centrali (Ehringer, 1960). Questi sistemi includono la maggior parte dei neuroni efferenti dal mesencefalo (proiezioni mesencefalo-striatale, mesencefalo-corticale e mesencefalo-limbica) accanto ad altri sistemi cellulari situati nel diencefalo, nel telencefalo e nella retina. Quindi, da un punto di vista neurochimico, la MP è caratterizzata da una significativa riduzione quantitativa della dopamina cerebrale, sia nel tegmento mesencefalico, dove sono localizzati i nuclei delle cellule, sia in tutte le strutture telencefaliche contenenti terminali dopaminergici. Secondo uno studio di Bernheimer, i sintomi parkinsoniani sono visibili quando vi è una riduzione almeno dell'80% della quantità di dopamina nello striato (Bernheimer et al., 1973). Un recente studio di Braak et al. (2003) ha evidenziato come la progressione della MP preveda un andamento ascendente del tronco dal nucleo dorsale motore del glossofaringeo e del vago (1° stadio) fino al coinvolgimento della corteccia prefrontale e aree di associazione sensoriale (6° stadio). Ponendo l'attenzione a quei sintomi pre-motori, come il disturbo dell'olfatto, che potrebbero essere premonitori di una futura insorgenza della malattia.

1.3
Quadro sintomatologico

La diagnosi di MP è tuttora una diagnosi clinica, in quanto non esistono dei marcatori biochimici e neuroradiologici specifici: solo tramite tecniche di neuroimmagini funzionali come la PET (tomografia a emissione di positroni) e, la SPECT (tomografia a emissione di singoli fotoni) è possibile valutare *in vivo* la lesione tipica della MP con un'elevata sensibilità che non raggiunge mai il 100%. Per la presenza di un elevato margine di errore nella diagnosi clinica (Hughes et al., 1992), negli ultimi anni si è cercato di migliorare la specificità dei criteri diagnostici classici per la MP (Gibb e Lees, 1989), che si rifanno comunque a una valutazione che vede l'occhio di un esperto clinico al centro dell'iter diagnostico. Il quadro clinico classico è caratterizzato da rigidità-ipocinesia-tremore e alterazioni posturali a cui si affiancano vari sintomi non motori legati al sistema neurovegetativo (scialorrea, seborrea, stipsi, ipotensione ortostatica) e psichici (depressione, disturbi della memoria). Alla luce delle attuali conoscenze è riduttivo presentare la MP solo con i quattro sintomi motori, in quanto questi sono numerosi e si verificano dall'ipotensione ortostatica al disturbo olfattivo, dalle parestesie al disturbo visivo. Tuttavia, è solo recentemente che si è inquadrata la MP all'interno di una malattia neuro-trasmettitoriale, nella quale è possibile il coinvolgimento di tutti quei distretti in cui il neurotrasmettitore è presente.

Il tremore, nella sua forma classica, si manifesta a riposo con una frequenza media di 3-6 Hz di media ampiezza ed è presente in circa il 70% dei pazienti. Se compare all'esordio della malattia, è di solito unilaterale e coinvolge più frequentemente l'arto superiore piuttosto che l'arto inferiore. Successivamente si diffonde a tutto l'emilato e infine anche alla parte controlaterale, pur mantenendo sempre una certa asimmetria. Occasionalmente, il paziente riferisce un tremore interno con solo scarse manifestazioni esteriori. Generalmente è associato anche a un tremore posturale, che si riduce durante l'esecuzione di un movimento volontario. Scompare durante il sonno, mentre è peggiorato dagli stati di agitazione e ansietà.

Rigidità (ipertonia plastica), segno comune a molte condizioni cliniche che coinvolgono il sistema extrapiramidale, è presente in un'alta percentuale di casi di MP (89-99%). La rigidità nella MP è causata da un aumento del tono muscolare che interessa tutti i gruppi muscolari, sia flessori che estensori. All'esame neurologico è evidente un'aumentata resistenza durante tutta l'escursione del movimento passivo di un segmento articolare. Nelle fasi iniziali la rigidità può essere elicitata facendo effettuare al paziente dei movimenti con l'arto controlaterale a quello in esame (segno di Froment). Sebbene la rigidità limiti la velocità d'esecuzione di un movimento, non è chiaro quanto contribuisca alla disabilità del paziente, che è invece maggiormente influenzata dall'acinesia. È presumibile che la concomitante bradicinesia giochi un ruolo maggiore nel determinare la disabilità complessiva nella MP.

Bradicinesia e acinesia (Fahn, 1990) si manifestano nel 77-98% dei casi, ma anch'esse non sono esclusive della MP. I termini indicano la difficoltà nell'iniziare ed eseguire correttamente un programma motorio. Può assumere le caratteristiche di acinesia, cioè assenza di movimento, nelle fasi più avanzate della malattia. I segni iniziali sono di solito confinati a gruppi muscolari distali e si manifestano con micrografia, ridotta destrezza, compromissione dei movimenti ripetuti delle dita e dei movimenti che necessitano di maggiore destrezza. Questi ultimi sono particolarmente difficili nei pazienti, tanto da compromettere movimenti alternati di prono-supinazione della mano o atti motori più complessi. Nelle fasi più avanzate della malattia, l'acinesia interferisce in maniera significativa con le normali attività della vita quotidiana come l'alzarsi dalla sedia, vestirsi, lavarsi o girarsi nel letto. Anche il volto è generalmente interessato (ipomimia), così come la voce (ipofonia).

L'instabilità posturale è probabilmente il sintomo più disabilitante e risponde parzialmente sia alla terapia farmacologica, sia a quella chirurgica. È principalmente sulla presenza/assenza di instabilità posturale che è stata creata la scala di Hohen e Yahr (Hohen e Yahr, 1967). Il disturbo origina da un insieme di fattori quali perdita dei riflessi posturali di raddrizzamento, modificazione dei fisiologici aggiustamenti posturali, accompagnata a rigidità e bradicinesia.

La perdita dei riflessi posturali avviene precocemente nel corso della malattia, ma diventa disabilitante solo nelle fasi avanzate, quando il paziente perde la capacità di correggere la propria postura rapidamente e la tendenza alle cadute comincia a diventare più evidente. Talvolta, le cadute possono comparire in concomitanza con gravi discinesie nei pazienti con malattia avanzata.

L'equilibrio è controllato dal sistema motorio extrapiramidale a partire dalle informazioni derivate essenzialmente dalla visione, dal sistema vestibolare e dal sistema propriocettivo (Schieppati et al., 1994; Corna et al., 2003). Queste informazioni sono dunque integrate e costituiscono quello che viene definito lo schema corporeo. Sul piano statico, quando l'immagine è stabilizzata a livello della retina e l'equilibrio è assicurato, lo schema corporeo giudica la posizione statica di buon rendimento. Tuttavia questo equilibrio può essere la risultante di informazioni uguali e di senso contrario, originate dai meccanismi di difesa di adattamento o da situazioni patologiche. Una posizione perfettamente patologica è quindi vissuta come normale. Questo determina un'opposizione alla correzione da parte del paziente. Ogni tentativo di miglioramento della morfologia è considerato scorretto per lo schema corporeo, in rapporto a ciò che egli è stato abituato a percepire. Il paziente deve dunque procedere riapprendendo e accettando la posizione fisiologica. Tuttavia, a eccezione di forti o bruschi disequilibri che reclamano la messa in gioco della corteccia, l'equilibrio posturale è retto dal sistema automatico. La partecipazione volontaria del paziente è dunque uno strumento di passaggio obbligato che permette di ottenere l'accettazione e la conservazione automatica dei risultati.

Freezing. Il termine descrive l'inabilità di iniziare la marcia e l'interruzione della stessa quando il paziente viene distratto, attraversa passaggi stretti o deve cambiare il senso di marcia. Il *freezing* della marcia è la forma più frequente e può manifestarsi all'inizio e/o durante la stessa, nel cambiamento di direzione o quando s'incontra un ostacolo. Il paziente riferisce di sentire i piedi come "incollati" al terreno: il fenomeno è improvviso e sempre transitorio, ma può giungere a determinare il blocco completo della deambulazione (Gilardi et al., 1992). Talora, invece, una volta in marcia, il cammino diviene inarrestabile per una liberazione paradossa degli automatismi del cammino: questo è il fenomeno della ipercinesia paradossa, che compare in genere in concomitanza di particolari stati affettivo-emotivi. Nelle fasi più avanzate, anche la scrittura e la voce possono essere colpite da alterazioni tipo *freezing.*

Accanto ai sintomi primari, va poi considerata un'altra serie di sintomi, legati al disturbo motorio principale e a carico di vari apparati, tipici della MP. Per esempio la voce si modifica, è più flebile e può perdere in modulazione, così da risultare monotona. A volte il linguaggio risulta come impastato e può esserne difficile la comprensione. La deglutizione può essere compromessa, di solito però tardivamente nel decorso della malattia a causa di una incoordinazione dei muscoli masticatori-fonatori e deglutitori. La deglutizione è un movimento automatico piuttosto complesso; i muscoli della faringe e della lingua devono muoversi in modo coordinato per spingere il cibo dalla bocca all'esofago e non nella trachea; quando questa coordinazione non è perfetta, il paziente può avere la sensazione che il cibo si fermi in gola. Anche la saliva può fermarsi in bocca, essendo ridotto il movimento automatico di deglutizione. In questo modo si accumula e appare un sintomo assai fastidioso per la vita quotidiana del paziente: la scialorrea, di comune riscontro, è legata a una ridotta deglutizione e non a un aumento di produzione di saliva. Inoltre, nella MP, la funzionalità intestinale può risultare rallentata con il risultato di una marcata stipsi cronica e presenza di megacolon e diverticoli (Kupsky et al., 1987). Da un punto di vista urinario non è raro riscontrare nella MP un aumento della frequenza minzionale, sia perché la vescica non si svuota completamente ogni volta, sia perché viene avvertito lo stimolo di urinare anche quando la vescica non è ancora piena (Blackett et al., 2008).

Il desiderio sessuale può ridursi oppure, a causa del trattamento farmacologico, può essere incrementato (Balami e Robertson, 2007).

Per il coinvolgimento del sistema nervoso autonomo, spesso si verifica anche un eccesso di sudorazione e produzione di sebo (Fischer et al., 2001).

Da un punto di vista prettamente psichiatrico, in circa la metà dei pazienti si riscontrano sintomi di depressione e ansia, che qualche volta possono presentarsi come sintomi di esordio (Nuti et al., 2004). L'umore depresso può in parte essere legato alla reazione negativa conseguente a una diagnosi di malattia cronica, ma più spesso è il risultato della riduzione di mediatori quali noradrenalina e serotonina. Nei casi più comuni, ansia e depressione sono lievi, talvolta migliorano con la terapia antiparkinsoniana, ma spesso richiedono un intervento terapeutico più mirato (McDonald et al., 2003).

Per quanto riguarda il sonno, si verifica più frequentemente una difficoltà a mantenere il sonno per tutta la notte piuttosto che ad addormentarsi, per cui si determinano tipici risvegli frequenti durante la notte. Più particolare sembra essere il disturbo comportamentale che avviene nella fase REM con assenza della tipica atonia riscontrabile in questa fase del sonno e presenza di disturbi comportamentali caratterizzati da movimenti afinalistici, grida, parole e intere frasi (*REM Behavioural Disorders*) (Comella, 2007).

La MP è una malattia con un decorso cronico e i recenti progressi terapeutici farmacologici, chirurgici e riabilitativi hanno attenuato e ritardato la sua azione invalidante. L'evoluzione è variabile e si è cercato di identificarne i fattori responsabili. Le forme tremorigene sembrano evolversi in maniera più benigna rispetto a quelle rigido-acinetiche (Zetusky et al., 1985; Hershey et al., 1991). La presenza di disturbi cognitivi, depressione e allucinazioni non sembrano essere fattori prognostici favorevoli.

1.4
Terapia

Da un punto di vista cronologico, tre orientamenti hanno segnato le epoche storiche: a) anti colinergico, il più antico impiegava preparati naturali o di sintesi con funzione di ridurre la ipereccitabilità degli interneuroni facilitatori colinergici striatali; b) il trattamento nerochirurgico stereotassico con funzione di interrompere i circuiti extrapiramidali attraverso i quali fluiscono gli eccitamenti abnormi. In passato ciò avveniva tramite ablazione di alcuni nuclei target come il nucleo ventrale intermedio del talamo (VIM), il nucleo sottotalamico (STN), il globo pallido interno (GPi), e attualmente gli stessi target sono aggrediti attraverso interventi di chirurgia di stimolazione (*Dbs: Deep Brain Stimulation*); c) trattamento farmacologico sostitutivo con levodopa (LD), precursore della Dopamina, e più recentemente, con sostanze che agiscono direttamente sui recettori dopaminergici (agonisti dopaminergici).

1.4.1
Terapia con levodopa

La terapia sostitutiva con levodopa (LD) è universalmente considerata come la terapia cardine della MP. L'effetto antiparkinsoniano della LD fu dimostrato per la prima volta da Hornykiewicz e Birkmayer nel 1961 mediante somministrazione endovena di basse dosi del farmaco, ma solo nel 1967 fu dimostrata da Cotzias la sua efficacia per via orale a dosaggio molto elevato (dell'ordine di alcuni grammi/die). La mancata efficacia di dosi più basse di LD era dovuta all'elevata conversione periferica del farmaco in dopamina a opera dell'enzima ubiquitario dopa-decarbossilasi. La conseguente ridotta e insufficiente disponibilità di LD a livello cerebrale determinava una ridotta formazione di dopamina all'interno della barriera emato-encefalica. A partire dai primi anni '70, la LD è stata usata in combinazione con carbidopa o benserazide, inibitori pseudoirreversibili periferici della dopa-decarbossilasi, che hanno consentito di ridurre nettamente le dosi giornaliere di LD e gli effetti collaterali associati alla stimolazione dopaminergica periferica. La LD in combinazione si è dimostrata farmaco efficace e maneggevole nella terapia della MP, tanto che la risposta alla terapia combinata è divenuta uno dei criteri per la diagnosi di MP. Numerosi studi hanno mostrato un'efficacia sovrapponibile delle due preparazioni benserazide/LD (1:4) e carbidopa/LD (1:10 e 1:4). Ciò premesso, la dizione LD viene di seguito usata per indicare indifferentemente le combinazioni LD/inibitore della decarbossilasi (benserazide o carbidopa), salvo specificazioni. L'esatto destino della LD, una volta entrata nel SNC, non è ancora chiarito: è certo che la dopamina generata dalla LD esogena non è totalmente assorbita dai neuroni nigrostriatali dopaminergici. Se così fosse, i pazienti con malattia avanzata e con degenerazione pressoché completa dei neuroni dopaminergici non dovrebbero più rispondere alla terapia con LD, mentre invece permangono responsivi. Si ritiene che con il progredire della malattia, quantità progressivamente maggiori di dopamina si formino al di fuori dei neuroni dopaminergici e siano poi liberate nel sistema nigrostriatale in maniera indipendente dai livelli fisiologici di attività elettrica di questi neuroni e piuttosto in relazione con i livelli plasmatici e cerebrali di LD. Si conoscono due tipi di risposta farmacologica alla LD: la risposta di breve durata e la risposta di lunga durata (Zappia et al., 1997). La prima definisce un miglioramento dei sintomi che dura minuti od ore e si manifesta dopo una singola somministrazione di LD, in fase con le concentrazioni plasmatiche del farmaco. La risposta di lunga durata si manifesta invece dopo giorni o settimane di trattamento con LD e richiede un periodo di tempo altrettanto lungo per esaurirsi al termine della somministrazione del farmaco, essendo quindi diacronica con i livelli plasmatici del farmaco stesso. Questi due tipi di risposta terapeutica coesistono nei pazienti trattati con LD, prevalendo, nelle fasi iniziali e di risposta stabile, la risposta di lunga durata e, nelle fasi avanzate, quando compaiono le fluttuazioni motorie, la risposta di breve durata. Quest'ultima rappresenterebbe l'attività dopaminergica non fisiologica della LD, mentre la risposta di lunga durata sarebbe espressione di un'attività dopaminergica fisiologica che si perde con il progredire della malattia.

Il dosaggio della LD in fase iniziale della malattia varia tra 150 a 500 mg die in tre-quattro dosi. L'utilizzo di varie somministrazioni tiene conto dei numerosi studi indicanti la necessità di mantenere costante la concentrazione a livello encefalico della dopamina e ridurre lo stress recettoriale dovuto alla degenerazione neuronale (Chase et al., 1988; Fabbrini et al., 1988; Mouradian et al., 1988). Nella fase in cui si manifestano le fluttuazioni motorie, l'approccio più semplice e largamente utilizzato è quello di ridistribuire durante la giornata la LD. È nella comune pratica clinica ridurre l'intervallo tra le dosi con particolare attenzione a quelle del risveglio e post prandiale. Nei pazienti in fase avanzata si può raggiungere un dosaggio complessivo di 1.500 mg die in diverse somministrazioni. Questi provvedimenti sono spesso efficaci anche se la somministrazione frequente a bassi dosaggi può, stimolando in maniera inefficace da un punto di vista clinico, peggiorare la comparsa di fluttuazioni motorie (Nutt e Holford, 1996).

La rapida variazione della concentrazione della LD nel plasma, dovuta alla sua breve emivita e a un assorbimento intestinale erratico, è notoriamente causa importante nella comparsa di fluttuazioni motorie. La ricerca si è indirizzata verso preparati che prevedessero un profilo farmacologico con una riduzione delle concentrazioni di picco e un'estensione dell'emivita plasmatica in grado di determinare una stimolazione più continua a livello cerebrale. Studi che hanno paragonato la terapia con LD standard con quella a rilascio controllato, hanno messo in evidenza come non vi sia differenza tra i due gruppi per ciò che concerne l'insorgenza delle fluttuazioni motorie (Block et al., 1997). In realtà ben poco sappiamo su come realmente la LD si comporti a livello dell'intestino e in particolare a livello del duodeno dove essa viene assorbita.

1.4.2
Inibitori delle monoamino-ossidasi

La LD è metabolizzata perifericamente dalla DOPA-decarbossilasi. La LD è attualmente somministrata sempre insieme a un inibitore della DOPA-decarbossilasi. Ciò produce una minore quantità di dopamina periferica, con minori effetti collaterali e riduzione del 70% della dose complessiva di LD (Birkmeyer, 1969). Le Monoamino-ossidasi (MAO) e le Catecol-O-transferasi (COMT) metabolizzano la dopamina a livello centrale. Attualmente sono utilizzati due tipi di inibitori selettivi: la selegilina che inibisce la MAO-B e gli inibitori delle COMT. L'utilizzo della selegelina come sintomatico, ma soprattutto come neuroprotettore, è stato ed è oggetto di discussione. Infatti iniziali studi indicavano la selegelina come sintomatico prolungando i benefici della LD (Waters, 2001), ma anche bloccante e riduttore della formazione di radicali liberi e fattore neurotrofico (Salo e Tatton, 1992; Olanow, 1993). In seguito, altri studi come il DATATOP condotto in Nord America alla fine degli anni '80, hanno evidenziato come in pazienti *de novo*, gli iniziali miglioramenti non venivano mantenuti dopo due anni, facendo così crollare il presupposto di effetto neuroprotettivo del farmaco (Shoulson e Parkinson Study Group, 1998). Inoltre, in uno studio (Lees e United Kingdom Parkinson's Disease Research Group, 1995) su 520 pazienti, sebbene al gruppo trattato con selegilina fosse somministrato un dosaggio di LD più basso, la percentuale di insorgenza di discinesie era pressoché uguale in entrambi i gruppi (40%), confutando non solo la tesi della neuroprotezione, ma anche l'efficacia nel prevenire la LTTS di bassi dosaggi di LD. Infine, una metaanalisi di 16 studi controllati sulla terapia combinata selegilina e LD nei pazienti con MP che presentavano già fluttuazioni motorie, ha evidenziato come il trattamento con selegilina determinasse un controllo migliore della LTTS, con riduzione dei dosaggi di LD (Myllyla et al., 1996).

1.4.3
Inibitori della catecol-O-metiltransferasi

Come descritto in precedenza, la breve emivita della dopamina può essere allungata anche inibendo il suo catabolismo ovvero riducendo l'attività delle catecol-O-metiltransferasi (COMT). Attualmente sono disponibili nella pratica clinica due tipi COMT, l'entacapone con un'azione solo al di fuori del SNC, e il tolcapone che ha un efficacia sia a livello centrale che periferico. Gli inibitori delle COMT devono essere sempre somministrati in concomitanza della LD, perché non possiedono un significativo effetto sintomatico autonomo (Hauser et al., 1998). Numerosi studi clinici sull'entacapone hanno evidenziato come questo riduca il periodo OFF con l'aumento corrispettivo della fase ON (Merello et al., 1994: Kaakkola et al., 1994; Parkinson Study Group 1997; Rinne et al., 1998) e che l'aumentata durata delle discinesie di picco con l'aggiunta terapeutica dell'entacapone abbia determinato la riduzione del 30% della concentrazione di LD (Nutt et al., 1994). Risultati analoghi sono stati ottenuti con il tolcapone (Limousin et al., 1993; Roberts et al., 1994; Davis et al., 1995; Kurt et al., 1997; Baas et al., 1997, Rajput et al., 1997). Nel corso dei primi mesi di commercializzazione in Europa, si sono verificate morti per epatopatia tossica fulminante legate verosimilmente all'assunzione del Tolcapone; pertanto il farmaco è stato ritirato dal commercio nel novembre del 1998 e reintrodotto nel 2004 con l'obbligo di eseguire controlli della funzionalità epatica. Nel 2003, è stato introdotta in commercio l'associazione di LD a vari dosaggi (50-100-150 mg), Entacapone 200 mg e carbidopa 12.5-25-37.5 mg. Questo preparato ha prodotto un notevole vantaggio per il paziente in quanto si è ridotto il numero di compresse somministrate e soprattutto ha permesso la somministrazione della LD fin dall'inizio della terapia con un profilo soft, ma nello stesso tempo quantitativamente efficace.

1.4.4
Agonisti dopaminergici

Gli agonisti dopaminergici sono un gruppo di farmaci eterogeneo che presentano un effetto antiparkinsoniano perché vanno ad attivare i recettori postsinaptici dopaminergici.

1.4.4.1
Derivati ergolinici

Il capostipite di tutti gli agonisti dopaminergici è la Bromocriptina, un potente D2 agonista - D1 antagonista. Questa molecola, e a seguire tutte le altre, è stata utilizzata largamente per un'emivita più lunga rispetto alla LD e per la mancanza di interferenza della dieta sull'assorbimento dei farmaci (Lieberman e Goldstein, 1992). La loro somministrazione, stimolando in maniera più continua il recettore dopaminergico, in via teorica poteva ridurre o addirittura, se somministrati fin dall'inizio, prevenire lo sviluppo di fluttuazioni motorie e discinesie che, come vedremo in seguito, sono presenti nella maggior parte dei pazienti con MP (Olanow, 1992). Il limite di questa categoria di farmaci è la minore efficacia sui sintomi rispetto alla LD, e soprattutto l'incidenza molto maggiore rispetto alla LD di effetti collaterali come nausea, vomito, ipotensione ortostatica, aritmie cardiache, allucinazioni, fenomeni compulsivi. La risposta clinica del farmaco dipende dal tipo di recettore stimolato. La stimolazione ottimale sarebbe quella di tutti i sottotipi e non solo del D2 (Strange, 1993); inoltre questi farmaci non sembrano essere selettivi rispetto ad altri recettori monoaminergici (serotoninergici e adrenergici) e questa loro non selettività sembra essere alla base degli effetti collaterali (Parkes, 1981; Vaamonde et al., 1991). Gli effetti collaterali periferici possono essere in parte risolti tramite somministrazione di domperidone, un antagonista periferico dei recettori dopaminergici (Agid et al., 1979), mentre nessuna strategia terapeutica si è rivelata efficace nell'eliminare gli effetti collaterali centrali. L'utilità di iniziare la terapia antiparkinsoniana con agonisti dopaminergici rispetto alla LD è ancora materia di studio. Alcuni studi hanno evidenziato come l'utilizzo precoce di agonisti possa ridurre l'incidenza di fluttuazioni motorie (Weiner et al., 1993; Montastruc et al., 1994, Przuntek et al., 1996; Rascol et al., 2000). Inoltre, numerosi studi controllati contro placebo hanno valutato l'effetto dei due agonisti ergolinici più diffusi in aggiunta alla terapia con LD, in pazienti già fluttuanti (Bateman et al., 1978; Olanow et al., 1994). Sia la pergolide che la bromocriptina sono state in grado di ridurre l'entità delle fluttuazioni motorie, migliorando le modalità di risposta alla LD; riducendo la durata dei periodi OFF e le distonie dolorose di questa fase e aumentando i periodi ON a prezzo di un aumento delle discinesie. Inoltre, dagli studi di confronto tra diversi tipi di dopamino agonisti è risultato che la pergolide possieda una maggiore efficacia nella terapia in pazienti con MP avanzata (Pezzoli et al., 1994; Mizuno et al., 1995). Questi dati possono essere spiegati dal fatto che la pergolide possiede una attività non solo sui recettori D2, ma anche su quelli D1, mentre la bromocriptina, come già detto, possiede una azione antagonista verso i D1 (Fuller e Clemens, 1991). Recentemente, è stato sintetizzato un nuovo derivato ergolinico: la cabergolina. Da un punto di vista del suo profilo recettoriale questo è un potente D2 agonista, ma la sua peculiarità è quella di presentare un'emivita che è la più lunga della sua classe (65 ore) e di proporsi quindi come farmaco da somministrare una volta al giorno. Sono stati eseguiti studi che hanno paragonato la cabergolina alla bromocriptina e al placebo. Da questi studi è emerso anche che il farmaco riduceva la sintomatologia extrapiramidale, con aumento della fase ON, riduzione del dosaggio quotidiano di LD, e parità di effetti collaterali (Inzelberg et al., 1995; Ahlskog et al., 1996; Steiger et al., 1996; Hutton et al., 1996). Recentemente, la segnalazione di comparsa di alterazioni valvolari cardiache, spesso asintomatiche, con l'uso cronico di pergolide e cabergolina (Van Camp et al., 2004; Peralta et al., 2005) ha ridotto drasticamente l'utilizzo nella pratica clinica di questi prodotti.

1.4.4.2
Derivati non-ergolinici

Sono agonisti dopaminergici che non possiedono struttura ergolinica, in commercio sono presenti attualmente il pramipexolo e il ropinirolo. Quest'ultimo è il primo messo in commercio dopo una serie di studi pre-marketing. Questi studi hanno dimostrato l'efficacia del farmaco sia nella fase iniziale che in quella avanzata di MP (Korczyn et al., 1998; Rascol et al., 2000). Sebbene il ropinirolo fosse in grado di ridurre la frequenza e la gravità delle discinesie, la sua efficacia si è dimostrata minore rispetto alla LD, ma risultava essere ben tollerato in confronto agli altri agonisti dopaminergici.

L'altro dopamino agonista non-ergolinico in commercio è il pramipexolo. Questo composto, sviluppato inizialmente come antidepressivo, ha un profilo recettoriale peculiare. La sua azione è rivolta soprattutto ai D2 e D3. I risultati di tre studi controllati vs placebo hanno dimostrato l'efficacia e la tollerabilità del pramipexolo nel trattamento della MP in fase iniziale (Parkinson Study Group, 1997; Shannon et al., 1997) in aggiunta alla LD (Lieberman et al., 1997). L'efficacia a lungo termine del pramipexolo a confronto con la LD è stata valutata in Nord America dal Parkinson Study Group (Holloway et al., 2004). Lo studio CALM-PD ha evidenziato che un minor numero di pazienti in trattamento con pramipexolo, rispetto a quelli trattati con LD, aveva sviluppato complicanze motorie dopo 4 anni di trattamento (52% vs. 74%, p<0.001). Inoltre, uno studio di Guttman et al. del 1997 in cui si paragonava il pramipexolo alla bromocriptina, ha mostrato come gli effetti collaterali siano presenti in entrambi i gruppi di trattamento, ma era evidente una riduzione significativa (-15%) del numero di ore OFF nel gruppo di pazienti trattato con pramipexolo, ma non in quello trattato con bromocriptina. Inoltre, il pramipexolo ha conservato la sua funzione antidepressiva, come descritto in uno studio di Rektorova et al. del 2003. Nel 1999, una segnalazione di Frucht (Frucht et al., 1999) ha causato ampio dibattito. Nel suo studio, si evidenziava come la somministrazione di pramipexolo e ropinirolo inducesse la comparsa di improvvisi inarrestabili attacchi di sonno. Questi attacchi, comparsi quando il paziente era alla guida di un autoveicolo, avevano causato incidenti stradali ed erano cessati alla sospensione dei farmaci. Questo effetto collaterale ridimensionato nel tempo e nel tipo di sostanza in quanto si è visto che anche la LD poteva indurlo, rimane non chiarito e va tenuto in debita considerazione.

1.4.4.3
Rotigotina

La rotigotina è un agonista dopaminergico prevalentemente D2 che ha la peculiarità di poter essere somministrato per via transdermica. Questa via di somministrazione è estremamente vantaggiosa sia perché ridurrebbe il numero di compresse che quotidianamente si somministrano sia perché eviterebbe la stimolazione recettoriale pulsatile. Uno studio controllato contro placebo di efficacia e tollerabilità in soggetti con una prima diagnosi di MP, ha evidenziato un miglioramento significativo dei sintomi dose-correlati con un plateau tra i 13.5 e i 18 mg. Gli effetti collaterali sono stati paragonabili agli altri agonisti dopaminergici e la tollerabilità è più che buona (Parkinson study Group, 2003).

1.4.4.4
Apomorfina

L'apomorfina è un potente agonista dopaminergico, sintetizzato nel 1877, che agisce su tutti i recettori dopaminergici. Il suo profilo recettoriale quindi più si avvicina alla LD (Schwab et al., 1951; Cotzias et al., 1970; Corsini et al., 1979; Colosimo et al., 1994). Somministrata per via sottocutanea in MP riduce rapidamente i sintomi parkinsoniani. Viene utilizzata quindi nei casi avanzati di MP con gravi fluttuazioni motorie sia in infusione continua tramite una micropompa, sia con singole iniezioni in bolo (Obeso et al., 1987; Poewe et al., 1988; Ray Chaudhuri et al., 1988; Frankel et al., 1990). La disponibilità di un farmaco antiparkinsoniano, che può essere somministrato per via parenterale, può essere molto utile in alcune situazioni particolari, come ad esempio in fase di scompenso, quando il paziente ha difficoltà a deglutire, o a seguito di importanti interventi chirurgici, o per trattare la sindrome di ipertermia maligna causata dalla brusca sospensione della LD (Bonuccelli et al., 1992; Colosimo et al., 1994).

1.5
Decorso clinico

Dopo un periodo di risposta farmacologica soddisfacente, anche della durata di alcuni anni, il paziente parkinsoniano può andare incontro a complicanze di tipo motorio, in parte secondarie alla progressione della malattia e in parte associate al trattamento sintomatico con LD. Tali complicanze includono: la rara evenienza, in questa fase, di una perdita di risposta alla LD che induce a riconsiderare la diagnosi di MP (perdita di risposta); una più generale riduzione di efficacia del trattamento; fluttuazioni motorie caratterizzate dall'alternanza di periodi (ore/minuti) di risposta alla LD a periodi di risposta ridotta o inefficace; le fluttuazioni motorie possono essere prevedibilmente associate alla riduzione del livello plasmatico di LD (deterioramento di fine dose o *wearing off*) oppure possono essere imprevedibili e non dipendenti dai livelli plasmatici del farmaco (fenomeni on-off); movimenti involontari a loro volta distinguibili principalmente in discinesie e distonie; nella maggior parte dei casi il paziente presenta contemporaneamente fluttuazioni motorie e movimenti involontari. Le complicanze motorie compaiono nel 5-10% dei pazienti per ogni anno di trattamento con LD. Alcune complicanze motorie (deterioramento di fine dose, fenomeni on-off, movimenti involontari) sembrano comparire meno frequentemente nei pazienti trattati con bassi dosaggi di LD; sono inoltre meno frequenti nei pazienti che hanno iniziato il trattamento, in fase precoce di malattia, con associazioni di LD e dopamino-agonisti o dopamino-agonisti in monoterapia. Le complicanze motorie sono estremamente difficili da controllare e sono certamente la principale causa di disabilità dei pazienti parkinsoniani. Sebbene la LD sia il farmaco più efficace anche in questa fase di malattia, le complicanze motorie costringono medico e paziente ad adottare strategie complesse, basate essenzialmente sull'ottimizzazione del trattamento con LD, sull'associazione di farmaci che possano consentire la riduzione della LD e quindi dei suoi effetti collaterali e sull'impiego di presidi non farmacologici (deambulatori, dieta, fisioterapia).

1.5.1
Patogenesi della *Long Term Syndrome*

In un articolo apparso su Lancet nel 1977, Marsden e Parkes hanno messo in evidenza come, dopo 5 anni di trattamento con LD, soltanto 1/3 dei pazienti con MP presentava una buona risposta al trattamento (Marsden e Parkes, 1977). Si è andato a definire con gli anni un quadro sintomatologico caratterizzato da una alterata risposta alla LD (*Long Term Syndrome*: LTS).

Le principali manifestazioni di tale sindrome, come già accennato, possono presentarsi isolate o in associazione, e sono: 1) deterioramento da fine dose (Wearing-off); 2) movimenti involontari (discinesie di entrata, di picco, di uscita, distonie); 3) fenomeni On-Off. Mentre le prime due manifestazioni sono correlate all'assunzione della LD, la terza non è correlata né alla dose né alla somministrazione di LD. Queste diverse risposte sembrano legate a differenti meccanismi patogenetici. Il Wearing-off sembra essere determinato, nell'avanzare della malattia, dall'incapacità delle cellule nigrali superstiti e gliali vicarianti di immagazzinare la dopamina e rilasciarla tonicamente, secondo uno schema fisiologico (Quinn et al., 1984). Le discinesie, sono probabilmente legate a un'alterata sensibilizzazione dei recettori dopaminergici, a causa delle grosse oscillazioni della concentrazione extracellulare, legate all'andamento fasico della somministrazione orale (Lesser et al., 1979). Il fenomeno On-Off sembra essere correlato a un'alterazione anatomo-funzionale del sistema nigrostriatale, cui concorrono vari fattori: l'ulteriore riduzione delle cellule nigrali, la disregolazione recettoriale con i noti fenomeni di proliferazione e di ipersensibilizzazione recettoriale. In particolare i recettori, ovvero strutture proteiche della membrana cellulare, sono sottoposti a un continuo turn over determinato sia da fattori endogeni che esogeni. Tra questi ultimi, di sicura importanza è la concentrazione di trasmettitore nello spazio extracellulare. Aumenti di concentrazione producono una riduzione del numero dei recettori e della loro affinità per il trasmettitore (*down regulation*); d'altro canto, una diminuzione della concentrazione del trasmettitore produce un effetto opposto sui recettori (*up regulation*). La non costante concentrazione della dopamina in soggetti affetti da MP, in terapia orale e con ridotta capacità di immagazzinamento, potrebbe produrre un *up* e *down regulation* di questo sistema. In generale, non è ancora chiaro quali realmente siano le cause alla base di queste alterate risposte. Mentre da una parte si è pensato che fattori esogeni come una dieta ricca di proteine potessero essere responsabili di tali manifestazioni cliniche (Nutt et al., 1984; Juncos et al., 1987), dall'altra recenti osservazioni cliniche e sperimentali suggeriscono un progressivo coinvolgimento e degenerazione dei terminali dopaminergici presinaptici. La perdita dei naturali siti per la sintesi, l'immagazzinamento e il rilascio della dopamina compromettono la capacità del SNC di utilizzare tonicamente la dopamina, per cui i recettori dopaminergici vengono esposti a fluttuazioni non fisiologiche della concentrazione intrasinaptica del trasmettitore (Mouradian et al., 1990). Studi clinici su pazienti parkinsoniani con fluttuazioni motorie hanno evidenziato come il mantenimento di concentrazioni plasmatiche costanti di LD potesse migliorare il quadro sintomatologico della LTS (Mouradian et al., 1990). I fattori farmacocinetici periferici, quali la breve emivita plasmatica della LD (90 minuti circa), l'assorbimento nel tratto digiunale dell'apparato gastrointestinale, mediante un sistema di trasporto attivo per gli aminoacidi aromatici non sembrano rivestire un ruolo importante nel determinare l'insorgenza delle fluttuazioni motorie (Gancher et al., 1987). Questi fattori acquistano un ruolo significativo in fasi avanzate della malattia e, verosimilmente, in rapporto all'insorgenza di alterazioni centrali che compromettono la funzionalità del sistema nigro-striatale. Numerosi studi hanno evidenziato una stretta relazione tra la comparsa di questa alterata risposta e il livello plasmatico di LD (Fabbrini et al., 1988). La maggior parte di queste manifestazioni è correlata a fluttuazioni eccessive dei livelli plasmatici e cerebrali di LD, nonché a possibili temporanee modificazioni della sensibilità dei recettori sottoposti al continuo alternarsi di iper e ipostimolazione. L'osservazione che l'infusione venosa continua di LD controlla molte delle manifestazioni della LTS ha impegnato la tecnica farmaceutica a studiare soluzioni atte a riprodurre per os una cinetica vicina a quella infusionale continua.

1.5.2
Wearing off: Deterioramento di fine dose

La risposta alla terapia può essere complicata dalla comparsa di iniziali fenomeni tipo deterioramento di fine dose (*wearing off*, acinesia notturna, acinesia al risveglio e/o distonia nel primo mattino). Il fenomeno *wearing off* può essere definito come la percezione di diminuzione di mobilità e/o destrezza, cioè della graduale ricomparsa dei sintomi parkinsoniani tra una somministrazione e l'altra del farmaco. Il fenomeno compare in modo graduale nell'arco di 15-60 minuti con una usuale stretta correlazione temporale con l'assunzione dei farmaci antiparkinsoniani, più evidente con la LD.

1.5.3
Abnormal Involuntary Movements: le discinesie

Le discinesie sono movimenti involontari coreiformi che compaiono nella maggioranza dei casi in coincidenza del picco di risposta alla LD, ma possono essere presenti anche al termine dell'efficacia (di uscita) e durante tutta la risposta alla terapia (di plateau). Infine le discinesie difasiche: si tratta di movimenti di solito a carattere coreiforme che compaiono all'inizio e alla fine del ciclo di risposta alla LD

(Lhermitte et al., 1978), possono essere presenti anche in associazione alle discinesie di picco dose, interessano frequentemente gli arti inferiori (Luquin et al., 1992) e sono generalmente più difficili da trattare.

1.5.4
Strategie terapeutiche

La fase compensata di malattia (iniziale) rappresenta uno stadio della malattia in cui il paziente è trattato con terapia dopaminergica con risposta costante stabile soddisfacente e con un grado di disabilità che non interferisce con l'autonomia personale e sociale sotto trattamento.

Nella fase iniziale della malattia, la scelta della terapia farmacologica dipende da diversi fattori come età, condizioni generali e tipo di attività lavorativa del paziente.

Attualmente si ritiene dimostrato che la LD esercita un migliore effetto sintomatico, ma determina in molti casi una sindrome tardiva con fluttuazioni/discinesie, dipendente dalla dose di somministrazione e dalla durata e gravità della malattia. Al contrario, i dopamino-agonisti hanno un effetto sintomatico minore, ma determinano un numero ridotto di effetti motori tardivi: questi dati sono stati verificati in pochi studi a lungo termine (5 anni), in cui basse dosi di LD erano progressivamente associate a una iniziale monoterapia con DA-agonisti. Considerando che il criterio dell'esposizione cumulativa alla LD, in termini di dose giornaliera e di durata della terapia, appare in diretta relazione con lo sviluppo della sindrome tardiva da LD, si suggeriscono le seguenti strategie terapeutiche: impiego di monoterapia con dopamino-agonista; impiego di monoterapia con LD a basso dosaggio (>250-600 mg/die); associazione precoce di LD a basso dosaggio e dopamino-agonista.

L'età è un fattore chiave nella scelta della strategia terapeutica iniziale.
- MP a esordio precoce (<50 anni): monoterapia con DA-agonista; associazione precoce di LD a basso dosaggio e DA-agonista. La presenza di tremore resistente alla terapia può giustificare l'impiego di farmaci anticolinergici e amantadina.
- MP (50-70 anni): monoterapia con DA-agonista; monoterapia con LD (basso dosaggio); associazione LD/DA-agonista.
- MP (>70 anni): monoterapia con LD; associazione LD/DA-agonista.

Pazienti in monoterapia con DA-agonista. Una percentuale non trascurabile di pazienti parkinsoniani può iniziare la terapia con un farmaco DA-agonista e giungere alla fase intermedia di malattia in monoterapia. In questi pazienti, generalmente è già stato effettuato un progressivo aggiustamento posologico e il DA-agonista viene somministrato al dosaggio massimo consentito e tollerato. L'impiego di DA-agonisti a dosaggi particolarmente elevati (superiori a quelli raccomandati) può risultare clinicamente efficace, ma deve essere considerato con estrema cautela da parte del neurologo curante.

Paziente compensato. Se la risposta terapeutica si mantiene efficace e il quadro clinico può ritenersi adeguatamente compensato, è lecito e consigliabile proseguire il regime terapeutico con DA-agonisti in monoterapia, fatta salva la verifica dell'assenza dei possibili effetti collaterali legati all'uso protratto e al dosaggio elevato, ritardando in tal modo il ricorso alla terapia sostitutiva con LD. A questo riguardo, occorre ricordare che studi controllati hanno dimostrato l'efficacia della monoterapia con DA-agonisti anche a lungo termine (3-5 anni). Tuttavia, da questi studi emerge che solo una percentuale di pazienti (circa il 25%) rimane in monoterapia con un buon compenso clinico. La ridotta percentuale è imputabile principalmente ai *dropout* correlati agli effetti collaterali e alla progressiva perdita di efficacia dei DA-agonisti, i cui meccanismi rimangono ancora poco chiari (progressione della malattia, fenomeni di tolleranza farmacologica).

Paziente non compensato. Il mancato compenso del paziente in monoterapia con DA-agonista si manifesta principalmente con un'insufficiente qualità della risposta terapeutica (incremento di acinesia, rigidità, tremore e riduzione dell'autonomia), mentre le complicanze motorie (decremento di fine dose, fluttuazioni motorie) sono meno frequenti rispetto ai pazienti in trattamento cronico con LD. Nel paziente che manifesta un'inadeguata risposta terapeutica, la strategia di prima scelta è costituita dalla introduzione in terapia della LD (+ inibitore della dopa-decarbossilasi), costituendo in tal modo un paradigma di cosiddetta "associazione tardiva" di DA-agonista/LD. Teoricamente, può essere opportuno verificare la risposta a un diverso DA-agonista, utilizzando la metodica di sostituzione immediata a dosi equivalenti. L'introduzione della LD deve rispondere al criterio della dose minima efficace, aggiustando la singola dose e il numero di somministrazioni alle necessità individuali del paziente e riducendo, eventualmente, il dosaggio del DA-agonista, soprattutto in caso di effetti collaterali o di soggetti di età biologica più avanzata. È opportuno, tuttavia, limitare il numero delle somministrazioni (*range* 1-3; tetto massimo 5) ed evitare dosi del farmaco sub-terapeutiche, in particolare per quanto concerne la prima somministrazione del mattino. Anche la scelta dei preparati a "pronto" o "lento" rilascio deve essere personalizzata sulla base delle caratteristiche cliniche del singolo paziente. La comparsa, invece, di fluttuazioni della risposta motoria e in particolare di un'insufficiente durata dell'effetto terapeutico (*wearing off* o deterioramento di fine dose) può richiedere un aggiustamento posologico (incremento delle singole dosi o aumento del numero di somministrazioni).

Al periodo della *luna di miele* segue un periodo in cui si presentano spesso delle fluttuazioni dell'efficacia del trattamento farmacologico nel corso della giornata e insorgono movimenti involontari.

La fase avanzata della malattia è caratterizzata da una risposta instabile alle terapie dopaminergiche, con un grado di disabilità che interferisce con l'autonomia personale e sociale. In questa fase sono presenti complicanze motorie e non motorie, in parte dipendenti dalla progressione della malattia e in parte dal trattamento sintomatico con LD. Le complicanze motorie sono estremamente difficili da controllare e sono certamente la principale causa di disabilità dei pazienti parkinsoniani. Sebbene la LD sia il farmaco più efficace anche in questa fase di malattia, le complicanze motorie costringono medico e paziente ad adottare strategie complesse, basate essenzialmente sull'ottimizzazione del trattamento con LD, sull'associazione di farmaci che possano consentire la riduzione della LD e quindi dei suoi effetti collaterali e sull'impiego di presidi non farmacologici (deambulatori, dieta, fisioterapia). Infine, la terapia chirurgica, in particolare la stimolazione elettrica ad alta frequenza del nucleo subtalamico, rappresenta la modalità terapeutica alternativa alle misure farmacologiche, quando queste dovessero dimostrarsi insufficienti. In questa fase, la deambulazione è molto difficoltosa, quasi impossibile; il paziente necessita sempre di aiuto, è ad alto rischio di cadute, i suoi gesti sono molto lenti e ridotti al minimo, diminuisce la capacità respiratoria e aumentano i problemi di deglutizione. È sempre più evidente la necessità di un intervento multidisciplinare di professionisti della sanità (dietista, logopedista, neuropsicologo, fisioterapista).

1.6
Terapia chirurgica

La terapia chirurgica della MP rappresenta attualmente una valida opzione terapeutica per il trattamento della fase avanzata della malattia, complicata da fenomeni on-off e da movimenti involontari. Il recente sviluppo delle tecniche neurochirurgiche è dovuto innanzitutto alla comprensione di alcuni aspetti fondamentali della fisiopatologia dei nuclei della base. La degenerazione dei neuroni dopaminergici della *substantia nigra pars compacta* (SNpc) provoca una iperattività del nucleo subtalamico (NST) e del nucleo pallido interno (GPi) e l'inattivazione di queste due strutture determina il miglioramento della sintomatologia parkinsoniana. Inoltre, lo sviluppo di nuove tecniche di *neuroimaging* e delle procedure di monitoraggio neurofisiologico intraoperatorio hanno portato a una maggiore precisione negli interventi di neurochirurgia funzionale. Infine, lo sviluppo delle tecniche di stimolazione cerebrale profonda (*Deep Brain Stimulation* - DBS) ha condotto a un ulteriore miglioramento, grazie alla reversibilità e alla minore incidenza di effetti collaterali di questa tecnica chirurgica rispetto agli interventi lesionali (Benabid et al., 1987). Il meccanismo d'azione della DBS non è ben noto, appare correlato principalmente alla frequenza di stimolazione (stimolazione elettrica cronica ad alta frequenza) e il risultato finale è l'inibizione funzionale del target.

1.6.1
Scelta del target

I target utilizzabili nel trattamento chirurgico della MP sono: il VIM (Benabid et al., 1993), il GPi (Pahwa et al., 1997), sui quali è possibile eseguire interventi di lesione e di DBS, e il STN (Benabid et al., 1994; Limousin et al., 1995). Esistono degli altri siti target di stimolazione come per esempio il nucleo Peduncolo Pontino (Stefani et al., 2007) e il Complesso del nucleo Centro Mediano Parafascicolare del Talamo (Peppe et al., 2008). Il primo sembra promettente nella gestione dei disturbi del cammino dei Pazienti con MP, mentre il secondo sembra promettente nella gestione del tremore.

Bibliografia

Agid Y, Pollak P, Bonnet AM et al (1979) Bromocriptine associated with a peripheral dopamine blocking agent in treatment of Parkinson's disease. Lancet 21:570-572

Ahlskog JE, Wright KF, Muenter MD et al (1996) Adjunctive cabergoline therapy of Parkinson's disease: comparison with placebo and assessment of dose responses and duration of effect. Clin Neuropharmacol 19:202-212

Baas H, Beiske AG, Ghika J et al (1997) Catechol-O-methyltransferase inhibition with tolcapone reduces the "wearing off" phenomenon and levodopa requirements in fluctuating parkinsonian patients. J Neurol Neurosurg Psychiatry 63:421-428

Balami J, Robertson D (2007) Parkinson's disease and sexuality Br J Hosp Med 68(12):644-647. Review

Bateman DN, Coxon A, Legg NJ et al (1978) Treatment of the on-off syndrome in parkinsonism with low-dose bromocriptine in combination with levodopa. J Neurol Neurosurg Psychiatry 41: 1109-1113

Benabid AL, Pollack P, Gross C et al (1994) Acute and long-term effects of subthalamic nucleus stimulation in Parkinson's disease. Stereotact Funct Neurosurg 62:72-84

Benabid AL, Pollack P, Louverau A et al (1987) Combined (thalatomy and stimulation) stereotactic surgery of the Vim thalamic nucleus for bilateral Parkinson's disease. Appl Neurophysiol 50:344-346

Benabid AL, Pollack P, Seigneuret E et al (1993) Chronic VIM thalamic stimulation in Parkinson's disease, essential tremor and extrapyramidal dyskinesia. Acta Neurochir 58:39-44

Bernheimer H, Birkmayer W, Hornykiewicz O et al (1973) Brain Dopamine and the Syndromes of Parkinson and Huntington. Clinical, Morphological and Neurochemical Correlations. J Neurol Sci 20(4):415-55

Birkmayer W, Hornykiewicz O (1961) The Effect Of L-3,4-Dihydroxyphenylalanine (DOPA) on Akinesia in Parkinsonism. Wien Klin Wochenschr 73:787-788

Birkmayer W (1969) Experimental Results of the Combined Treatment of Parkinsonism Using L-DOPA and a Decarboxylase Inhibitory Agent (Ro 4-4602). Wien Klin Wochenschr. 1969 Sep 26; 81(39):677-679

Blackett H, Walker R, Wood B (2008) Urinary dysfunction in Parkinson's disease: A review. Parkinsonism Relat Disord. May 10

Block U, Liss C, Reines S et al (1997) Comparison of immediate-release and controlled release carbidopa/levodopa in Parkinson's disease. A multicenter study. Eur Neurol 37:23-27

Bonuccelli U, Piccini P, Corsini GU, Muratorio A (1992) Apomorphine in malignant sindrome due to levodopa withdrawl. Ital J Neurol Sci 13:169-170

Braak H, Del Tredici K, Rub U et al (2003) Staging of brain pathology related to sporadic Parkinson's disease. Neurobiol Aging 24:197-211

Chase TN , Juncos JL; Fabbrini G, Mouradian MM (1988) Motor response complication in advanced Parkinson's disease. Function Neurol 3(4):429-436

Colosimo C, Merello M, Albanese A (1994) Clinical usefulness of apomorphine in movement disorders. Clin Neuropharmacol 17:243-259

Comella CL (2007) Sleep disorders in Parkinsons disease: an overview. Mov Disord Suppl 17:S367-373

Corna S., Nardone A., Prestinari A et al (2003) Balance rehabilitation in patients affected by instability of vestibular origin: comparison of conventional and instrumental training. Arch Phys Med Rehabil 84:1173-1184

Corsini GU, Del Zompo M, Gessa GL et al (1979) Therapeutic efficacy of apomorphine combined with an extracerebral inhibitor of dopamine receptors in Parkinson's disease. Lancet 954-956

Cotzias GC, Papavisiliou PS, Fehling C et al (1970) Similarities between neurologic effects of L-DOPA and of apomorphine. N Eng J Med 282:31-32

Cotzias GC, Van Woert MH, Schiffer LM (1967) Aromatic amino acids and modification of parkinsonism. N Eng J Med 276:374-379

Davis TL, Roznoski M, Burns RS (1995) Effects of tolcapone in Parkinson's patients taking l-dihydroxyphenylalalina/carbidopa and selegelina. Mov Disord 10:349-351

Ehringer H, Hornykiewicz O (1960) Distribution of Noradrenaline and Dopamine (3-Hydroxytyramine) in the Human Brain and their Behavior in Diseases of the Extrapyramidal System. Klin Wochenschr. 38:1236-1239

Fabbrini G, Mouradian M, Juncos JL et al (1988) Motor fluctuations in Parkinson's disease: central pathophysiological mechanism, Part II. Ann Neurol 24:366-371

Fahn S (1990) Akinesia. In: Berardelli A, Benecke R, Manfredi M (eds) Motor Disturbance II. Academic Press, London, 141-150.

Fischer M, Gemende I, Marsch WC, Fischer PA (2001) Skin function and skin disorders in Parkinson's disease. J Neural Transm 108(2):205-13

Frankel JP, Lees AJ, Kempster PA et al (1990) Subcutaneous apomorphine in the treatment of Parkinson's disease. J Neurol Neurosurg Psychiatry 53:96-101

Frucht S, Rogers JD, Greene PE et al (1999) Falling asleep at the wheel: motor vehicle mishaps in person taking pramipexole and ropinirole. Neurology 52:1908-1910

Fuller RW, Clemens JA (1991) Pergolide: a dopamine agonist at both D1 and D2 receptors. Life Sciences 49:925-930

Gancher ST, Nutt JG, Woodward WR (1987) Pheripheral pharmacokinetics of L-dopa in untreated, stable, and fluctuating Parkinsonian patients. Neurology 37:940-944

Gibb WR, Lees AJ (1989) The significance of the Lewy body in the diagnosis of idiopathic Parkinson's disease. Neuropathol Appl Neurobiol 15:27-44

Gilardi N, McMahon D, Przedborsky S et al (1992) Motor blocks in Parkinson's disease. Neurology 42:333-339

Guttman M and the International Pramipexole-Bromocriptine Study Group (1997) Double-blind comparison of pramipexole and bromocriptine treatment with placebo in advanced Parkinson's disease. Neurology 49:1060-1065

Hassler R (1938) Zur Pathologie Der Paralysis Agitant Und Des Postenzephalitischen Parkinsonismus. J Psychol Neurol 48:387-476

Hauser RA, Molho E, Shale H et al (1998) A pilot evaluation of the tolerability, safety, and efficacy of tolcapone alone and in combination with oral selegiline in untreated Parkinson's disease patients. Mov Disord 13:643-647

Hershey LA, Feldman BJ, Kim KY et al (1991). Tremor at onset. Predictor of cognitive and motor outcome in Parkinson's disease? Arch Neurol 48:1049-1055

Hoehn MM, Yahr MD (1967) Parkinsonism: onset, progression and mortality. Neurology 17: 427-442

Holloway RG, Shoulson I, Fahn S et al (2004) Pramipexolo vs. Levodopa as initial treatment for Parkinson's disease: a 4-year randomized controlled trial. Arch Neurol 61:1044-1053

Hornykiewicz O (1973) Dopamine in the Basal Ganglia. Its Role and Therapeutic Implications (Including the Clinical Use Of L-DOPA). Br Med Bull 29(2):172-178

Hughes AJ, Daniel SE, Kilford L et al (1992) Accuracy of clinical diagnosis of idiopathic Parkinson's disease: a clinico-pathological study of 100 cases. J Neurol Neurosurg Psychiatry 5:181-184

Hutton JT, Koller C, Ahsklog LE et al (1996) Multicenter, placebo-controlled trial of cabergoline taken once daily in the treatment of Parkinson's disease. Neurology 46:1062-1065

Inzelberg R, Nisipeanu P, Rabey MJ et al (1995) Long-term tolerability and efficacy of carbercoline a new long-acting dopamine agonist. Mov Disord 10:604-607

Juncos JL, Fabbrini G, Mouradian MM et al (1987) Dietary influences on the antiparkinsonian response to levodopa. Arch Neurol 44:1003-1005

Kaakkola S, Terivanen H, Ahtila S et al (1994) Effect of entacapone, a COMT inhibitor on clinical disability and levodopa metabolism in parkinsonian patients. Neurology 44:77-80

Korczyn AD, Brooks DJ , Brunt ER et al (1998) Ropinirole versus bromocriptine in the treatment of early Parkinson's disease: a 6-months interim report of a 3-year study. Mov Disord 13:46-51

Kupsky WJ, Grimes MM, Sweeting J et al (1987) Parkinson's disease and megacolon: concentric hyaline inclusions (Lewy bodies) in enteric ganglion cells. Neurology 37(7):1253-1255

Kurth MC, Adler CH, St Hilaire et al (1997) Tolcapone improves motor function and reduces levodopa requirement in patients with Parkinson's disease experiencing motor fluctuations. Neurology 48: 81-87

Langston JW, Ballard PA (1984) Parkinsonism induced by 1-methyl-4-phenyl,1,2,3,6, tetrahydropyricine (MPTP): implications for treatment and pathogenesis of Parkinson's disease. Can J Neurol Sci 11:160-165

Lees AJ, on behalf of the PDRG of the UK (1995) Comparison of the therapeutic effects and mortality data of levodopa and levodopa combined with selegiline in patient with early mild Parkinson's disease. Br Med J 311:1602-1607

Lesser RP, Fahn S, Snider SR et al (1979) Analysis of the clinical problems in parkinsonism and the complication of long-term Levodopa therapy. Neurology 29:1253-1260

Lhermitte F, Agid Y, Signoret JL (1978) Onset and end-of-dose levodopa induced dyskinesia. Possibile treatment by increasing the daily doses of levodopa. Arch Neurol 35: 261-263

Lieberman A, Goldstein M (1992) Dopamine agonist: historical perspective. In: Olanow CW and Lieberman UK (eds) The scientific basis for the treatment of Parkinson's disease. The Parthenon Publishing Group, UK, 139-156

Lieberman A, Ranhosky A, Korts D (1997) Clinical evaluation of pramipexole in advanced Parkinson's disease: results of a double-blind, placebo-control, parallel-group study. Neurology 49:162-168

Limousin P, Pollak P, Benazzouz A et al (1995) Effects of parkinsonian signs and symptoms of bilateral subthalamic nucleus stimulation. Lancet 345:91-95

Limousin P, Pollak P, Gervason-Tournier CL et al (1993) RO 40-7592, a COMT Inhibitor, Plus Levodopa in Parkinson's Disease (Letter). Lancet 341:1605

Luquin Mr, Scipioni O, Vaamonde J et al (1992) Levodopa-induced dyskinesias in Parkinson's disease: clinical and pharmacological classification. Mov Disord 7:117-124

Mardsen CD, and Parkes JD (1977) Success and problems of long-term Levodopa therapy in Parkinson's disease. Lancet 1(80007):345-349

Marttila RJ, Rinne UK (1980) Smoking and Parkinson's Disease. Acta Neurol Scand 162:322–325

Mc Donald WM, Richard IH, DeLong MR (2003) Prevalence, etiology, and treatment of depression in Parkinson's disease. Biol Psychiatry 54:363-375

Merello M, Lees AJ, Webster R et al (1994) Effect of entacapone, aperipherally acting cathecolo-methyl transferase inhibitor, in the motor response to cute treatment with levodopa in patients with Parkinson's disease. J Neurol, Neurosurg Psychiatry 57:186-189

Mizuno Y, Kondo T, Narabayashi H (1995) Pergolide in treatment of Parkinson's disease. Neurology 45 (Suppl 3):S 13-S21

Montastuc JL, Rascol O, Senard JM et al (1994) Randomimised controlled study comparing bromocriptine to which levodopa was later added, with levodopa alnealone in previously untreated patients with Parkinson's disease: a five year follow-up. J Neurol, Neurosurg Psychiatry 57:1034-1038

Mouradian MM, Heuser JD, Baronti F, Chase TN (1990) Modification of central dopaminergic mechanisms by continuous levodopa therapy for advanced Parkinson disease. Ann Neurol 27:18-23

Mouradian MM, Juncos JL, Fabbrini G et al (1988) Motor fluctuations in Parkinson's disease: central pathophysiological mechanisms. Part II. Ann Neurol 24:372-378

Myllyla VV, Sotaniemi K, Maki-Ikola O et al (1996) Role of selegiline in combination therapy of Parkinson's disease. Neurology 47 (Suppl 3):200-209

Nuti A, Ceravolo R, Piccinni A et al (2004) Psychiatric co morbidity in a population of Parkinson's disease patients. Eur J Neurol 11:315-320

Nutt JG, Holford NHG (1996) The response to levodopa in Parkinson's disease: imposing pharmacological law and order. Ann Neurol 39:561-573

Nutt JG, Woodward WR, Beckner RM et al (1994) Effect of peripheral catechol-O-methyltransferase inhibition on the pharmacokinetics and pharmacodynamics of levodopa in parkinsonian patients. Neurology 44:913-919

Nutt JG, Woodward WR, Hammerstad JP et al (1984) The "on-off" phenomenon in Parkinson's disease. Relation to Levodopa absorption and transport. New Engl J Med 310:483-488

Obeso JA, Grandas F, Vaamonde J et al (1987) Apomorphine infusion for motor fluctuations in Parkinson's disease. Lancet 1:1376-1377

Olanow CW (1992) A rationale for dopamine agonist as primary therapy for Parkinson's disease. Can J Neurol Sci 19:108-112

Olanow CW (1993) A radical hypothesis for neurodegeneration. Trends in Neurosciences 16:439-444

Olanow W, Gahn S, Muenter M et al (1994) A multicenter double-blind controlled trial of bilateral fetal nigral transplantation in Parkinson's disease. Mov Disord 9:40-47

Pahwa R, Wilkinson S, Smith D et al (1997) High frequency stimulation of the globus pallidus for the treatment of Parkinson's disease. Neurology 49:249-253

Parkes JD (1981) Adverse effects of antiparkinsonian drugs. Drugs 21:341-353

Parkinson Study Group (1997) Entacapone improves motor fluctuations in levodopa-treated Parkinson's disease patients. Ann Neurol 2:747-755

Parkinson Study Group (2002) A controlled trial of rasagiline in Parkinson's disease: TEMPO study. Arch Neurol 59:1937-1943

Parkinson Study Group (2003) A controlled trial of rotigotine mono therapy in early Parkinson's disease. Arch Neurol 60:1721-1728

Peppe A, Gasbarra A, Stefani A et al (2008) Deep Brain Stimulation of CM/PF of thalamus could be the new selective target for tremor in Parkinson's Disease? Parkinsonism Relat Disord 14:501-504

Peralta CM, Wolf E, Seppi K et al (2005) Valvular heart disease in Parkinson's disease versus control. An echocardiographic study. Mov Disord 9:431-436

Pezzoli G, Martignoli E, Pacchetti C et al (1994) Pergolide compared with bromocriptine in Parkinson 's disease: multicenter, crossover, controlled study. Mov Disord 9:431-436

Poewe W, Kleedorfer B, Gersterbrand F et al (1988) Subcutaneous apomorphine in Parkinson's disease. Lancet 1:943

Przuntek H, Welzel D, Gerlach M et al (1996) Early institution of bromocriptine in Parkinson's disease inhibits the emergence of levodopa-associated motor side effects. Long-term results in PRADO study. J Neurotransm 103:699-715

Quinn N, Parkes JD, Mardsen CD (1984) Control of on/off phenomenon by continuous intravenous infusion of Levodopa. Neurology 34:1131-1136

Rajput AH, Martin W, Saint-Hilaire MH et al (1997) Tolcapone improves motor function in parkinsonian patients with the "wearing off" phenomenon: A double-blind, placebo controlled, multicenter trial. Neurology 49:1066-1071

Rascol O, Brooks DJ, Korczyn AD et al for the 056 Study group (2000) A five-year study of the incidence of dyskinesia in patients with early Parkinson's disease who were treated with ropinirole or levodopa. N Engl J Med 342:1484-1491

Ray-Chaudhuri K, Critchley P, Abbott RJ et al (1988) Subcutaneous apomorphine for on.off oscillations in Parkinson's disease. Lancet 2:1260

Rektorova I, Rektor I, Bares M et al (2003) Pramipexole and pergolide in the treatment of depression in Parkinson's disease: a national multicenter prospective randomized study. Eur J Neurol 10:399-406

Rinne UK, Larsen JP, Siden A, Worm-Petersen J (1998) Entaapone enhances the response to levodopa in parkinsonian patients with motor fluctuations.Nomecomt Study Group. Neurology 51:1309-1314

Roberts JW, Cora-Locatelli G, Bravi D et al (1994) Catechol-O-Methytransferase inhibitor Tolcapone prolongs Levodopa/carbidopa action in parkinsonian patients. Neurology 43:2685-2688

Salo PT, Tatton WG (1992) Deprenyl reduces the death of motoneurons caused by axotomy. J Neurosci Res 31:349-340

Schieppati M, Hugon M, Grasso M et al (1994) The Limits of Equilibrium in Young and Elderly Normal Subjects and in Parkinsonians. Electroencephalogr Clin Neurophysiol 93(4):286-98

Schoenberg BS (1987) Epidemiology of movement disorder. In: Marsden CD, Fahn S (eds). Movement Disorder 2. Butterworths, London, 17-32

Schwab RS, Amador LV, Lettvin JY (1951) Apomorphine in Parkinson's disease. Transactions of the American Neurological Association 76:251-253

Shannon KM, Bennet JP, Friedman JH (1997) Efficacy of pramipexole,a novel dopamine agonist, as monotherapy in mild to moderate Parkinson's disease. The pramipexole study group. Neurology 49:724-728

Shoulson L (1998) DATATOP: a decade of neuroprotective inquiry. Parkinson Study Group. Deprenyl and tocopherol antioxidative therapy of parkinsonism. Ann Neurol 44 (Suppl 1):S160-166

Stefani A, Lozano AM, Peppe A et al (2007) Bilateral deep brain stimulation of the pedunculopontine and subthalamic nuclei in severe Parkinson's disease. Brain 130:1596-1607

Steiger MlML, El-Debas T, Anderson T et al (1996) Double-Blind study of the activity and tollerability of cabergoline versus placebo in pakinsonians with motor fluactuations. J Neurol 243:68-72

Strange PG (1993) Dopamine receptors in basal ganglia: relevance to Parkinson's disease. Mov Disord 8:263-270

Vaamonde J, Luquin MR, Obeso JA (1991) Subcutaneous lisuride infusion in Parkinson's disease. Response to chronic administration in 34 patients. Brain 114:601-614

Van Camp G, Flamez A, Cosyns B et al (2004) Treatment of Parkinson's disease with pergolide and relation to restrictive valvular heart disease. Lancet 363:1179-1183

Waters CH (2001) Advances in managing Parkinson's disease. Hospital Practice 36:2-41

Weiner WJ, Factor SA, Sanchez-Ramos JR et al (1993) Early combination therapy (bomocriptine and levodopa) does not prevent motor fluctuations in Parkinson's disease. Neurology 43:21-27

Zappia M, Colao R, Montesanti R et al (1997) Long-duration to levodopa influences the pharmacodynamics of short-duration response in Parkinson's disease. Ann Neurol 42:245–249

Zetusky WJ, Jankovic J, Pirozzolo FJ (1985) The heterogeneity of Parkinson's disease: clinical and prognostic implications. Neurol 35:522-526

2.1
Introduzione

La malattia di Parkinson (MP) è la seconda forma neurodegenerativa per frequenza, dopo la malattia di Alzheimer. Con le altre forme di neurodegenerazione condivide la caratteristica di essere una malattia dell'anziano. Clinicamente è caratterizzata da tremore a riposo, bradicinesia, rigidità e instabilità posturale. Il cervello degli ammalati mostra, a livello microscopico, una riduzione della popolazione neuronale della substantia nigra e depositi intracellulari di ubiquitina: i corpi di Lewy. La diagnosi è possibile su base clinica, anche se altre malattie possono manifestarsi con segni e sintomi simili a quelli della MP, si tratta prevalentemente di parkinsonismi postencefalitici, su base vascolare oppure indotti da farmaci.

Le forme di MP con chiara ereditarietà di tipo mendeliano rappresentano una assoluta minoranza di tutte le occorrenze, ciononostante il rischio di ammalare è più alto nei familiari dei soggetti affetti. Si pensa pertanto che la MP sia una malattia a carattere multifattoriale che realizza il complesso interagire di fattori genetici e ambientali. In queste malattie la conoscenza delle alterazioni geniche coinvolte nei casi chiaramente familiari può risultare di straordinaria importanza per chiarire i meccanismi patogenetici. Altrettanto informativa può essere però l'osservazione di variazioni di occorrenza della malattia in associazione con specifici fattori o condizioni. Per questo motivo l'epidemiologia della MP può essere informativa non solo delle dimensioni del fenomeno ma anche delle possibili cause della malattia stessa.

M. Musicco (✉)
Istituto di Tecnologie Biomediche, Consiglio Nazionale delle Ricerche, Segrate (Mi)

Malattia di Parkinson e parkinsonismi. Alberto Costa, Carlo Caltagirone (a cura di)
© Springer-Verlag Italia 2009

2.2
Epidemiologia descrittiva

L'epidemiologia descrittiva delinea l'occorrenza delle malattie basandosi prevalentemente su due indici: l'incidenza e la prevalenza. Anche se incidenza e prevalenza rappresentano la dimensione dei fenomeni di malattia, il loro significato non è completamente sovrapponibile.

L'incidenza misura la forza con cui la malattia si manifesta nella popolazione ed è calcolata come numero di nuovi casi di malattia diviso per la popolazione-tempo a rischio di ammalare. In altre parole rappresenta la velocità di comparsa della malattia ed è la risultante della forza con cui tutti i fattori causali implicati nel processo sono in grado di determinare il loro effetto.

La prevalenza misura il carico di malattia nelle popolazioni ed è calcolata come numero di malati presenti in una particolare popolazione diviso per la numerosità della popolazione stessa. Questo indice aumenta al crescere della incidenza, cioè della velocità di comparsa di nuovi casi e al crescere della durata di malattia.

2.2.1
Prevalenza

Le prevalenze specifiche per età in otto diversi studi che si riferiscono a stime rilevate in differenti contesti geografici sono riportate nella Figura 2.1. La MP è praticamente assente nelle popolazioni di età inferiore ai 40 anni, ma la sua prevalenza cresce progressivamente a partire da questa età. Anche se in alcuni studi viene riportata una flessione dopo gli 80 anni, l'insieme delle evidenze suggerisce che vi sia un aumen-

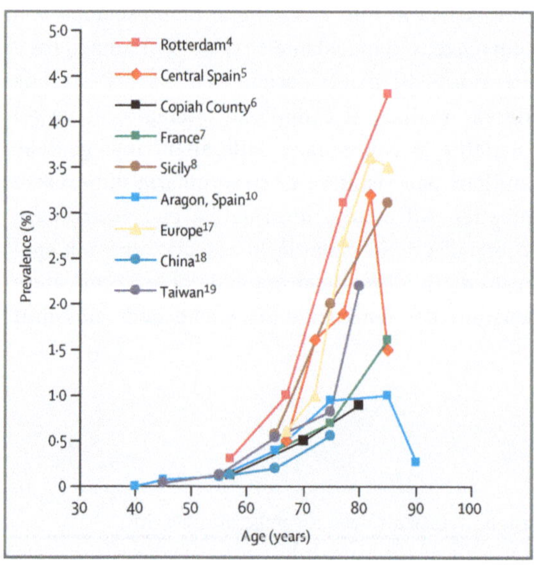

Fig. 2.1 Prevalenze specifiche per età della malattia di Parkinson in differenti studi e paesi. Riprodotto da de Lau LM e Breteler MM 2006, con autorizzazione da Elsevier

to esponenziale della prevalenza con il progredire dell'età.

Le stime medie di prevalenza nell'intera popolazione sono pari allo 0,3 per cento ma salgono all'uno per cento se si considera la popolazione di età superiore ai 60 anni.

2.2.2
Incidenza

Le stime di incidenza in diversi studi sono riportate nella Figura 2.2. L'incidenza, forse più chiaramente della prevalenza, mostra un andamento in crescita esponenziale con l'età. In analogia con la prevalenza, la malattia è praticamente assente prima dei 40 anni. La Tabella 2.1 mostra le prevalenze e incidenze specifiche per età della MP stimate nel Rotterdam Study (de Rijk et al., 1995; de Lau, Giesbergen et al, 2004). I valori di prevalenza a ogni età sono 8-10 volte superiori a quelli di incidenza indicando una durata media stimata di malattia di 8-10 anni. Come evidenzia la Tabella 2.1, lo studio di Rotterdam riporta incidenze più elevate negli uomini rispetto alle donne, questo dato è confermato dalla maggioranza anche se non da tutti gli studi di incidenza.

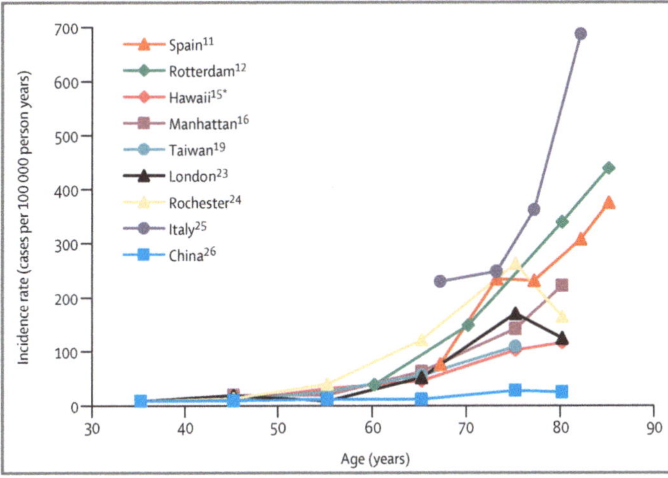

Fig. 2.2 Incidenze specifiche per età della malattia di Parkinson in differenti studi e paesi. Riprodotto da de Lau LM e Breteler MM 2006, con autorizzazione da Elsevier

Tabella 2.1 Incidenza e prevalenza specifiche per età per 10000 (Rotterdam Study)

Età/ Anni	Incidenza			Prevalenza		
	Uomini	Donne	Totale	Uomini	Donne	Totale
55-64	5	2	3	40	20	30
65-74	9	18	14	120	80	100
75-84	49	23	33	270	340	310
85-94	95	26	43	300	480	430
94+				0	500	430
Totale	20	16	17	120	150	140

2.3
Epidemiologia analitica

L'epidemiologia analitica si occupa dei determinanti di malattia e cioè di tutti quei fattori che possono avere un ruolo nella catena causale che sta alla base dei meccanismi di malattia. Per la MP alcuni fattori ambientali e stili di vita sono stati studiati come determinanti di malattia anche se le evidenze sicure sono ancora relativamente poche.

2.3.1
Esposizioni ambientali

La possibilità che agenti tossici possano determinare parkinsonismi in tutto simili alla MP idiopatica è divenuta certezza quando soggetti utilizzatori di droghe per via endovena mostrarono una MP dopo essersi iniettati sostanze che erano state contaminate da 1-metil-4-phenil-1,2,3,6-tetraidropiridina (MPTP). Questi soggetti, in analogia con la MP, presentavano inoltre un tipico e selettivo danno a carico delle cellule dopaminergiche della *substantia nigra* (Langston et al., 1983).

I tossici ambientali più studiati in associazione con la MP sono stati i pesticidi anche perché due insetticidi, il paraquat e il rotenone, sono in grado di indurre deplezione dopaminica nell'animale (Betarbet et al., 2000). Una metanalisi di studi epidemiologici dello scorso secolo (Priyadarshi et al., 2000) e uno studio recente di popolazione (Firestone et al., 2005) confermano che l'esposizione a pesticidi usati in agricoltura aumenta il rischio di ammalare di MP.

2.3.2
Abitudini di vita

Numerosi studi hanno indagato l'associazione fra fumo di sigaretta e MP riportando nella maggioranza dei casi una associazione negativa. Anche studi prospettici relativamente recenti hanno stimato, in analogia con gli studi più vecchi, che il rischio di ammalare è approssimativamente dimezzato nei fumatori (Hernán et al., 2001; Hernán et al., 2002). Anche il consumo di caffè è stato riportato in numerosi studi come un fattore associato negativamente con la MP (Hernán et al., 2002). I consumatori di caffè mostrano una riduzione del rischio di circa il 30% e si osserva una relazione dose-effetto fra la riduzione del rischio e la quantità di caffè assunto giornalmente. Questi dati non sono ancora stati spiegati in termini biologici, anche se sia la nicotina che la caffeina possono avere importanti azioni a livello del Sistema Nervoso Centrale (SNC). Una interessante spiegazione potrebbe risiedere nel fatto che l'assunzione di caffeina e l'abitudine al fumo di sigaretta vedono implicati i circuiti cerebrali del *reward* che sono circuiti tipicamente dopaminergici. Una ridotta funzionalità dopaminergica, quale quella che si osserva nella MP, potrebbe condizionare un ridotto funzionamento di questi circuiti e rappresentare quindi una ridotta propensione per queste abitudini voluttuarie.

Bibliografia

Betarbet R, Sherer TB, MacKenzie G et al (2000) Chronic systemic pesticide exposure reproduces features of Parkinson's disease. Nat Neurosci 3:1301-1306

de Lau LM, Giesbergen PC, De Rijk MC et al (2004) Incidence of parkinsonism and Parkinson disease in a general population: the Rotterdam Study. Neurology 63:1240-1244

De Rijk MC, Breteler MM, Graveland GA et al (1995) Prevalence of Parkinson's disease in the elderly: the Rotterdam Study. Neurology 45:2143-2146

de Lau LM, Breteler MM (2006) Epidemiology of Parkinson's disease. The Lancet Neurology 5:525-535

Firestone JA, Smith-Weller T, Franklin G (2005) Pesticides and risk of Parkinson disease: a population-based case-control study. Arch Neurol 62:91-95

Hernán MA, Takkouche B, Caamaño-Isorna F et al (2002) A meta-analysis of coffee drinking, cigarette smoking, and the risk of Parkinson's disease. Ann Neurol 66:276-284

Hernán MA, Zhang SM, Rueda-deCastro AM et al (2001) Cigarette smoking and the incidence of Parkinson's disease in two prospective studies. Ann Neurol 50:780-786

Langston JW, Ballard P, Tetrud JW et al (1983) Chronic Parkinsonism in humans due to a product of meperidine-analog synthesis. Science 219:979-980

Priyadarshi A, Khuder SA, Schaub EA et al (2000) A meta-analysis of Parkinson's disease and exposure to pesticides. Neurotoxicology 21:435-440

3.1
Introduzione

Come discusso nei capitoli precedenti, la malattia di Parkinson (MP) è una sindrome neurodegenerativa primariamente caratterizzata dalla disregolazione dei tre principali sistemi dopaminergici dell'encefalo: la via nigro-striatale, i circuiti mesolimbico e mesocorticale (Javoy-Agid e Agid, 1980; Kish et al., 1988). I dati di alcuni studi hanno infine permesso di mettere in luce un precoce coinvolgimento delle strutture corticali nel corso della malattia (Ferrer, 2009). Inoltre, vari ricercatori hanno anche documentato il coinvolgimento di altri sistemi neurotrasmettitoriali, quali il sistema noradrenergico e il sistema colinergico sin dalle fasi iniziali della malattia (Bohnen et al., 2006; Calabresi et al., 2006). In sintonia con queste evidenze, gli studi condotti negli ultimi anni hanno mostrato che, se da una lato a essere primariamente coinvolto nella malattia è il sistema motorio, dall'altro lato, il decorso della malattia è caratterizzato dalla presenza di alterazioni che riguardano in modo caratteristico le sfere cognitiva e affettiva.

Il presente capitolo è specificamente incentrato sulla discussione dei disturbi neuropsicologici nella MP in una prospettiva sia clinica che più propriamente di ricerca, con l'idea di fornire al lettore una visione d'insieme sull'argomento. In particolare, è dapprima affrontata la questione della demenza, per porre poi l'accento sui disturbi cognitivi specifici che si osservano nella maggior parte dei pazienti con MP, senza che si configuri un franco quadro di demenza. A tale proposito, alcuni Autori parlano oggi di *mild cognitive impairment* nella MP (Mamikonyan et al., 2009), intendendo con ciò un quadro clinico caratterizzato da deficit cognitivi focali che non determinano di per sé una compromissione funzionale nel paziente e che

A. Costa (✉)
IRCCS Fondazione S. Lucia, Roma

possono essere associati a un più elevato rischio di demenza (Janvin et al., 2006a). Uno sguardo finale è dedicato ai disturbi della sfera affettiva che ricorrono con una frequenza clinicamente significativa in questa popolazione e che, affiancando i disturbi cognitivi, rendono più complessa l'interpretazione del profilo neuropsicologico nei pazienti con MP.

3.2
La demenza nella malattia di Parkinson

La questione della prevalenza di demenza nei pazienti con MP è piuttosto dibattuta nella comunità scientifica. In una recente revisione della letteratura, Emre (2003) conclude che la probabilità che si sviluppi una franca demenza nella MP è stimabile intorno al 40%. Studi più recenti sembrano altresì indicare che la percentuale di pazienti con MP che andrà incontro a demenza nel corso della malattia sarebbe ben più elevata (80% circa) (Buter et al., 2008; Hely et al., 2008). Questi sono dati da trattare, in realtà, con molta cautela. È necessario, infatti, prendere in considerazione un aspetto piuttosto critico proprio degli studi sull'argomento, rappresentato dall'elevato grado di eterogeneità presente tra i risultati dei lavori attualmente pubblicati. La rilevanza della questione è bene evidenziata in una interessante *review* di Aarsland et al. (2005), in cui gli Autori presentano un'analisi sistematica degli studi che hanno trattato la questione sopra menzionata. In sintesi, la ricerca di Aarsland et al. (2005) rileva che nei 12 lavori presi in esame, la percentuale dei soggetti con MP in cui era clinicamente formulata la diagnosi di demenza variava considerevolmente collocandosi tra l'8.3% e il 41.3%. Come evidenziato dagli Autori, molteplici variabili possono aver giocato un ruolo nel determinare l'attuale divergenza tra i risultati. A contribuire in maniera significativa nel rendere problematica un'interpretazione unitaria dei dati sono, per esempio, la difficoltà di formulare una diagnosi certa di MP idiopatica e l'eterogeneità sia delle caratteristiche cliniche dei campioni di studio che degli strumenti di valutazione neuropsicologica utilizzati.

Sembra, dunque, che siamo ancora lontani dalla possibilità di rispondere in modo soddisfacente alla domanda: quante probabilità esistono per un paziente con MP di contrarre la demenza? La risposta a questa domanda è indubbiamente critica non solo in una prospettiva di ricerca ma anche in termini clinici e di pianificazione socio-sanitaria. In questa ottica, alcuni Autori hanno affrontato l'argomento cercando di individuare quei fattori di rischio che possano predire con una certa probabilità l'esito in demenza. Sintetizzando i risultati di questi studi, emerge che i seguenti fattori di rischio, quali la familiarità per demenza, l'età avanzata all'esordio della malattia (Horoupian et al., 1984; Hofman et al., 1989), la maggiore gravità della sintomatologia extrapiramidale all'esordio (Marder et al., 1994), la predominanza dei sintomi rigido-acinetici della malattia (Lewis et al., 2005a), la presenza di deficit cognitivi lievi (Janvin et al., 2006a) e lo sviluppo di confusione mentale e di sintomi psicotici in seguito alla somministrazione di levodopa (Stern et al., 1993), sono probabilmente quelli maggiormente associati allo sviluppo di demenza nei pazienti con MP.

In una prospettiva squisitamente neuropsicologica, nonostante l'idea dominante sia che la demenza associata a MP si presenti come una forma di demenza tipicamente sottocorticale in cui predominano il rallentamento ideomotorio e i deficit esecutivi e in assenza di alterazioni delle abilità strumentali, allo stato attuale non è ancora chiaro, in realtà, se esista un profilo tipico della demenza nella MP e in che modo si differenzi da altre forme di demenza.

Un contributo particolarmente significativo al tentativo di individuare il profilo cognitivo caratterizzante la demenza nella MP è stato fornito da quegli studi che hanno esaminato direttamente le differenze e le affinità tra le caratteristiche cognitive della demenza nella MP e le caratteristiche di altre sindromi neurodegenerative corticali associate a demenza quale, per esempio, la malattia di Alzheimer (AD). Complessivamente, i risultati di questi studi consentono di evidenziare alcuni aspetti che differenzano le due condizioni patologiche (Stern, 1998; Stern et al., 1993; Dubois e Pillon, 1997; Emre, 2003; Noe et al., 2004). In sostanza, nelle fasi iniziali, rispetto all'AD, la demenza associata a MP appare caratterizzata da a) una maggiore compromissione dell'attenzione e di alcune componenti delle funzioni esecutive (fluenza verbale); b) una minore compromissione nelle prove di riconoscimento nell'ambito della memoria dichiarativa; c) un minore *forgetting*, cioè una minore perdita dell'informazione precedentemente studiata con il trascorrere del tempo. Un approfondimento ulteriore è offerto da uno studio più recente di Janvin et al. (2006b). Nel lavoro gli Autori hanno confrontato il profilo cognitivo di tre gruppi di pazienti: pazienti con MP e demenza (MPD), pazienti con AD e, infine, pazienti con malattia a corpi di Lewy (LBD). Il metodo adottato per eseguire il confronto è indubbiamente interessante e molto informativo da un punto di vista clinico (Fig. 3.1). In breve, tramite un'analisi di *cluster* sono stati estratti quattro profili cognitivi: i primi due individuano una demenza di tipo sottocorticale di grado lieve-moderato e sono caratterizzati dal fatto che le funzioni esecutive e visuo-costruttive sono più compromesse delle funzioni mnesiche; il terzo profilo è assimilabile a un quadro di demenza corticale di grado moderato con una maggiore compromissione relativa del sistema della memoria dichiarativa; il quarto profilo individuato definisce una demenza con deterioramento cognitivo diffuso di grado severo in cui non è possibile differenziare i profili di compromissione corticale o sottocorticale. Il dato interessante per la nostra discussione è quello che mostra come oltre il 50% dei pazienti con MPD ricada in uno dei due profili di demenza sottocorticale a fronte di circa il 70% dei pazienti con AD che è classificato nel profilo che gli Autori definiscono di demenza corticale. Un primo esame di questi dati suggerisce, dunque, che si possano estrarre alcune caratteristiche che appaiono più tipiche del gruppo dei pazienti con MPD rispetto ai pazienti con AD. D'altro canto, però, proseguendo nell'esame dei risultati dello studio, si apprezza che il 30% dei pazienti con MP presenta profilo cognitivo associato a demenza corticale e che una percentuale simile di pazienti con AD mostra un profilo neuropsicologico attribuibile a una demenza di tipo sottocorticale. Inoltre, è anche interessante notare che oltre il 50% dei pazienti con LBD ricade in uno dei due profili di demenza sottocorticale cui appartiene anche il 50% dei pazienti con MPD. Queste ultime considerazioni evidenziano, dunque, in modo piuttosto convincente, che esistono delle aree di sovrapposizione tra la demenza nella MP e le altre

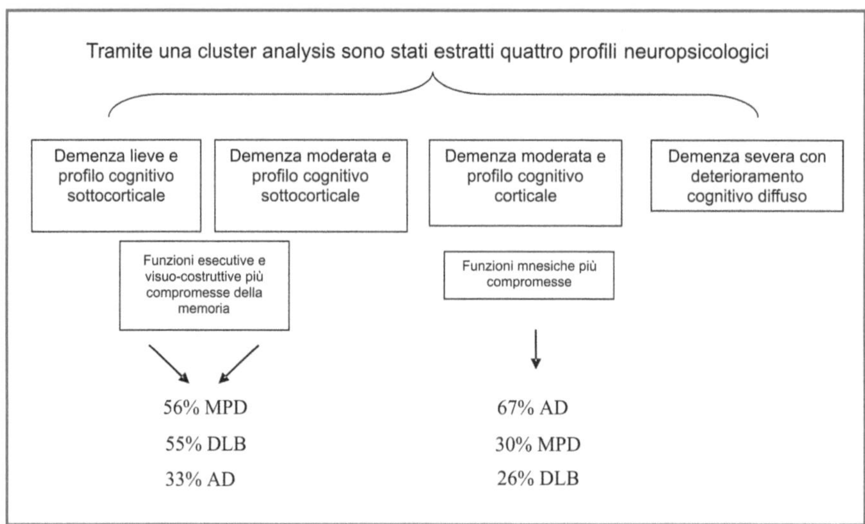

Fig. 3.1 Rappresentazione schematica dei risultati principali dello studio di Janvin et al. (2006b). La figura mostra la percentuale di pazienti con MP e demenza (MPD), malattia di Alzheimer (AD) e malattia a corpi di Lewy (LBD) che ricade in ciascuno dei profilo cognitivi descritti dagli Autori

due forme di demenza esaminate. È fuori dubbio che questi dati mettano in parte in discussione l'idea di una chiara dissociazione tra la demenza associata a MP e altre forme di demenza, dissociazione che appare particolarmente difficile da identificare nelle fasi avanzate della demenza. I dati discussi sono sostanzialmente in sintonia con i risultati di quegli studi che hanno descritto i correlati clinico-patologici nei pazienti con MPD, dimostrando la presenza in questi pazienti di alcune alterazioni cerebrali che tipicamente si osservano nei pazienti con AD e LDB (Caballol et al., 2007; Emre et al., 2007).

In conclusione, dunque, è piuttosto difficile definire in modo chiaro il quadro neuropsicologico della demenza nei pazienti con MP. In linea di massima, si può affermare che la demenza nella MP è caratterizzata da una sindrome disesecutiva progressiva a esordio insidioso, con deficit dell'attenzione (possono essere presenti fluttuazioni), delle capacità di pianificazione, organizzazione e regolazione del comportamento finalizzato, accanto ad alterazioni delle funzioni mnesiche e visuo-spaziali (prassia costruttiva). Relativamente più rari sono i disturbi delle abilità strumentali quali l'afasia, l'agnosia e l'aprassia ideomotoria, mentre appaiono frequenti alcuni disturbi comportamentali quali l'ansia, la depressione, l'apatia e le allucinazioni (Emre, 2003; Caballol et al., 2007; Emre et al., 2007). Comunque, sebbene la presenza di disturbi afasici sia infrequente nelle fasi iniziali della demenza associata a MP, in questi pazienti sono riportati alcuni deficit delle abilità linguistiche documentati da una ridotta fluenza verbale, che rappresenta probabilmente il principale disturbo del linguaggio in questa popolazione, accanto ad alterazioni della denominazione (soprattutto di verbi)

(Dubois e Pillon, 1997; Pahwa et al., 1998; Caballol et al., 2007; Emre et al., 2007; Foster et al., 2008).

Infine, in termini clinici, un consenso generale va gradualmente strutturandosi sull'indicazione secondo la quale, per poter formulare una diagnosi di demenza in corso di MP, il quadro neurologico che evidenzia clinicamente la malattia dovrebbe essere già chiaramente definito prima del riscontro di deficit cognitivi significativi [con un intervallo di almeno un anno (Emre et al., 2007; Goetz et al., 2008)]. Tale criterio può essere particolarmente utile per differenziare la MP con demenza dalla LBD, in cui i deficit cognitivi possono, al contrario, precedere, ovvero presentarsi entro un anno dall'esordio dei sintomi motori. A tale proposito, si rimanda il lettore al sopra citato lavoro di Emre et al. (2007) per una trattazione estesa sui criteri nosografici per la diagnosi di demenza associata a MP.

3.3
Disturbi neuropsicologici non riferibili a demenza nella malattia di Parkinson

Come abbiamo discusso nel precedente paragrafo, la demenza riguarda un numero variabile di individui che soffrono di MP. Al di là della demenza, però, una questione piuttosto rilevante nella prospettiva neuropsicologico-clinica è rappresentata dal reperto che indica, nella maggior parte dei pazienti con MP, la presenza di alterazioni cognitive selettive che coinvolgono domini distinti o funzioni specifiche sin dalle fasi iniziali della malattia. Come precedentemente accennato, la frequente ricorrenza di tali disturbi ha destato l'interesse di alcuni ricercatori sulla possibile presenza di un *mild cognitive impairment* caratteristico della MP (Janvin et al., 2006a; Mamikonyan et al., 2009). In termini generali, i deficit cognitivi appaiono inizialmente lievi e acquisiscono carattere di maggiore gravità con il progredire della patologia neurodegenerativa sottostante.

Tra le diverse funzioni cognitive implicate, le funzioni esecutive sono probabilmente quelle che hanno maggiormente attratto l'attenzione dei ricercatori. Di fatto, i disturbi delle abilità esecutive costituiscono il reperto neuropsicologico dominante nei pazienti con MP, spesso nel contesto di una conservazione delle altre funzioni cognitive. Si ritiene che, all'interno del sistema delle funzioni esecutive, alcuni processi quali, le capacità di *set-shifting*, le abilità di pianificazione ed organizzazione, il controllo esecutivo e la flessibilità cognitiva indagati con l'utilizzo di alcuni test di ampia diffusione nei setting clinici (ad esempio: il Wisconsin Card Sorting Test, la Torre di Hanoi, il Trail Making test e il test di Stroop) siano particolarmente vulnerabili alla malattia (Dubois e Pillon, 1997; Dujardin e Laurent, 2003).

I risultati di tre recenti studi clinici, condotti su una popolazione relativamente ampia di pazienti, hanno fornito un importante contributo allo studio della frequenza con cui i disturbi delle funzioni esecutive si presentano nella MP, evidenziando che alterazioni in questo dominio cognitivo riguardano un'elevata proporzione di pazienti senza demenza (Green et al., 2002; Janvin et al., 2003; Muslimovic et al., 2005). In particolare, nel lavoro di Green et al. (2002) in cui a 61 pazienti è stata somministrata un'ampia batteria neuropsicologica, è emerso che il 67% dei soggetti otteneva prestazioni deficitarie a un test per l'esame delle funzioni esecutive (per esempio, Wisconsin Card Sorting Test) mentre una proporzione minore (20-30%) raggiungeva punteggi al di sotto della norma in prove di memoria dichiarativa verbale e in altri test che richiedevano l'elaborazione visuo-spaziale degli stimoli presentati. Il successivo studio di Janvin et al. (2003), simile al precedente, di nuovo evidenziava che il disturbo disesecutivo era il maggiormente rappresentato, coinvolgendo, in questo caso, il 39% dei pazienti. Il terzo studio di Muslimovic et al. (2005) è per certi versi il più interessante in termini clinici poiché riguarda una casistica piuttosto omogenea e ampia di pazienti (n=115), tutti nelle fasi iniziali di malattia (durata media: 18.8 mesi ± 10.7). Gli Autori hanno trovato che circa il 23% dei pazienti esaminati presentava un deficit in uno degli ambiti cognitivi esaminati "abilità visuo-spaziali, attenzione, funzioni esecutive, memoria, linguaggio, abilità psicomotorie" e che, in qualche modo sorprendentemente, quasi la totalità di coloro che ricadevano in questo sottogruppo mostrava deficit di natura attentiva/esecutiva. Questo è un dato piuttosto chiaro e affidabile che permette di sottolineare, da un lato, la criticità del coinvolgimento dei "sistemi esecutivi" e, dall'altro lato, la possibile interdipendenza tra i disturbi disesecutivi e i deficit di altri domini cognitivi nei pazienti con MP.

Un aspetto rilevante sul piano clinico è rappresentato dalla considerazione che la gravità dei disturbi esecutivi, quali, ad esempio, quelli che coinvolgono le abilità di pianificazione, di *set-shifting* e la memoria di lavoro, diventano più gravi con il progredire della malattia. Diversi studi in cui sono state confrontate le prestazioni di pazienti *de novo* non sottoposti a trattamento dopaminergico con quelle di pazienti trattati nelle fasi iniziali e avanzate della malattia forniscono dati a sostegno di questa idea (Owen et al., 1996a; 1997). In realtà, la questione della relazione tra i sintomi motori e cognitivi è ampiamente dibattuta in letteratura essendoci dati a sostegno, da un lato, di una associazione tra i due ambiti ma anche, dall'altro lato, di una dissociazione (Dubois e Pillon, 1997; Dujardin e Laurent, 2003). Una recente ricerca fornisce una chiave di lettura del problema piuttosto interessante (Weintraub et al., 2005). Nel loro lavoro, Weintraub et al. (2005) hanno esaminato un gruppo di 46 pazienti con MP (durata media di malattia: anni 6,6 ± 5,2) individuando due dimensioni indipendenti di compromissione esecutiva: una prima dimensione definita "deficit di controllo inibitorio" e una seconda dimensione definita "deficit di pianificazione". Inoltre, di interesse per la nostra discussione, mentre la prima dimensione è risultata correlata al grado di compromissione motoria, il deficit di planning, differentemente, non ha mostrato un'associazione con i sintomi motori ma con l'apatia. I dati dello studio di Weintraub et al. (2005) appaiono rilevanti per almeno due ragioni. Infatti, in accordo con l'idea, ampiamente accettata in letteratura, che esistano componenti differenziabili all'interno del dominio delle funzioni esecutive (Barbarulo e Grossi, 2005), i dati dello studio mettono in luce che anche nella MP è necessario distinguere *pattern* di compromissione esecutiva piuttosto che parlare di deficit disesecutivo generalizzato. La seconda considerazione è relativa al fatto che probabilmente i circuiti neuronali implicati nei diversi aspetti del deficit esecutivo nella MP sono differenziabili e non sovrapponibili tout-court, in termini di decorso, ai deficit relativi alla sfera motoria.

Nell'opinione di chi scrive, i disturbi della memoria di lavoro nella MP, ampiamente documentati in letteratura (Bradley et al., 1989; Owen et al., 1997; Fournet et al., 2000; Costa et al., 2003; Lewis et al., 2003b; 2005b; Siegert et al., 2008; Costa et al., 2009), rientrano a pieno titolo nel novero delle disfunzioni esecutive. In breve, per memoria di lavoro si intende l'insieme di quei processi deputati al mantenimento *on-line* dell'informazione al fine di renderla disponibile per eseguire altre operazioni cognitive come ad esempio il linguaggio, il ragionamento, ecc. (per una review, vedi Pickering, 2001). Secondo Baddeley (1986), la memoria di lavoro sarebbe un sistema multicomponenziale costituito da un esecutore centrale che opera su un numero di sottosistemi *schiavi*. Negli uomini, i sottositemi più investigati sono il *loop* fonologico, necessario per il mantenimento dell'informazione con caratteristiche verbali, e il taccuino visuo-spaziale, responsabile del mantenimento dei dati visivi e spaziali. I paradigmi che si utilizzano in genere per esaminare questa funzione sono definiti paradigmi *n-back*. In termini generali, in questi paradigmi ai soggetti è richiesto di monitorare una sequenza continua di stimoli e di rispondere, a un certo punto della sequenza, indicando lo stimolo apparso *n* volte prima nella sequenza stessa. Per affrontare correttamente il compito è, dunque, necessario non solo tenere a mente l'informazione studiata e, quindi, avvalersi di meccanismi di immagazzinamento *passivo* (processi di mantenimento) della stessa, ma anche aggiornare attivamente la sequenza inserendo l'informazione nuova e scartando i dati non più necessari. I primi studi diretti all'investigazione dei deficit di memoria di lavoro nei pazienti con MP avevano documentato quella che appariva come una caratteristica progressione del disturbo, con una precoce compromissione della memoria di lavoro visuo-spaziale nel contesto di un iniziale risparmio di altre componenti del sistema (memoria di lavoro per stimoli verbali e per figure astratte), il cui coinvolgimento sembrava riguardare i pazienti nelle fasi piu avanzate della malattia (Bradley et al. 1989; Owen et al. 1997). Particolarmente in questa direzione erano gli studi di Owen et al. (1996a) e di Postle et al. (1997) i quali documentavano, inoltre, una compromissione molto precoce di questa funzione (nello studio di Postle et al. 1997 sono stati esaminati pazienti con un punteggio alla scala di Hoehn e Yahr che variava tra 0 e 2). I dati degli studi menzionati suggerivano, dunque, che il deficit di memoria di lavoro nella MP fosse dominio-specifico con una maggiore vulnerabilità dei processi visuo-spaziali. I risultati di altri studi hanno però messo in discussione questa idea indicando che tale disturbo è più probabilmente processo-specifico; cioè, il deficit può, in realtà, dipendere dalla natura del processo cognitivo che il compito utilizzato richiede di mettere in atto. I risultati di questi lavori hanno, infatti, documentato che perfino pazienti con lieve deficit motorio ottengono, rispetto ai soggetti di controllo, prestazioni peggiori quando il compito richiede la manipolazione attiva dell'informazione all'interno della memoria di lavoro, sia verbale che visuo-spaziale, ma non quando, per sostenere la prova, è sufficiente avvalersi delle capacità di mantenimento e richiamo; abilità, queste, che sono apparse più compromesse negli stadi avanzati della malattia (Owen et al., 1992; Lewis et al., 2003b). Risultati coerenti con questa prospettiva sono emersi anche da due recenti lavori condotti nel nostro laboratorio in cui abbiamo esaminato gli effetti della terapia con levodopa e apomorfina (Costa et al., 2003) e della terapia con pramipexolo e pergolide (Costa et al., 2009) sulle prestazioni di due gruppi di pazienti con MP senza demenza a paradigmi di memoria di lavoro del genere *n-back*. I dati di entrambi gli studi menzionati documentano, infatti, una riduzione di efficienza del sistema della memoria di lavoro, nella sua componente di monitoraggio/manipolazione attiva dell'informazione, nei pazienti con MP; riduzione aggravata dalla sospensione della terapia dopaminergica.

Considerando le evidenze riportate, si può concludere che i deficit di memoria di lavoro sono ascrivibili a un problema di natura esecutiva che coinvolge l'esecutore centrale (ma vedi Fournet et al. 1996, per una visione parzialmente divergente) e che riduce sia la capacità di accedere all'utilizzazione strategica delle risorse attentive (Brown e Marsden, 1991; Wu e Hallett, 2008) che l'abilità di implementare i processi di monitoraggio e organizzazione dell'informazione. In sintonia con questa prospettiva, recentemente Cools (2006) ha avanzato l'ipotesi che il deficit cognitivo (esecutivo) nella MP sia inizialmente ascrivibile a una riduzione delle capacità di *cognitive plasticity* (flessibilità cognitiva), con relativa conservazione di ciò che l'Autore definisce *cognitive stability* (la stabilità nel tempo delle rappresentazioni mentali).

La questione relativa alla presenza di deficit di natura visuo-spaziale nei pazienti con MP senza demenza è attualmente piuttosto dibattuta. Alcuni dati sostengono indipendentemente l'idea che i pazienti con MP soffrano di un deficit specifico in questo ambito cognitivo (Bowen et al., 1972; Boller et al., 1984; Hovestadt et al., 1987). I dati di altri studi supportano, però, un'ipotesi parzialmente divergente. Secondo tale ipotesi, i deficit visuo-spaziali nella MP sarebbero conseguenti a un'alterazione delle funzioni esecutive e delle risorse attentive, in funzione dell'elevata difficoltà dei test utilizzati per l'assesment dei deficit stessi (Taylor et al., 1990; Bondi et al., 1993). Una riduzione della disponibilità delle risorse attentive è stata, in realtà, ampiamente dimostrata nei pazienti con MP (Brown e Marsden, 1991; Wu e Hallett, 2008) ed è dunque plausibile che sia implicata nella spiegazione di tali disturbi (Dubois e Pillon, 1997; Dujardin e Laurent, 2003). In conclusione, in base ai risultati delle ricerche eseguite sino ad ora, non sembra possibile trarre delle considerazioni conclusive relativamente alle effettive determinanti cognitive del deficit visuo-spaziale nella MP. In questo senso, entrambe le ipotesi sopra menzionate rimangono valide ed è probabile che lo sviluppo di tecniche di indagine più raffinate possa contribuire a raggiungere una maggiore chiarezza sul problema.

Di frequente riscontro nei pazienti con MP senza demenza sono anche i disturbi della memoria a lungo termine. In realtà, però, la qualità della prestazione di questi pazienti ai test clinici sembra variare considerevolmente sia in relazione alla natura del compito utilizzato che alle caratteristiche del processo cognitivo impegnato. In particolare, i pazienti con MP mostrano specifiche difficoltà in compiti di *free recall*, in cui le capacità mnesiche sono testate attraverso il richiamo libero dell'informazione studiata (Dubois e Pillon, 1997; Dujardin e Laurent, 2003) e in quei compiti in cui il successo dipende fortemente dall'utilizzazione di efficaci strategie nella fase di codifica e di richiamo (ad esempio, test di *temporal ordering e di conditional associative learning*) (Taylor et al., 1990; Vriezen e Moscovitch, 1990; Sprengelmeyer et al. 1995). Diversamente, gli stessi pazienti esibiscono una prestazione significativamente migliore in compiti di riconoscimento in cui la necessità di utilizzare sia strategie specifiche nella fase di recupero che le capacità di controllo esecutivo, è significativamente ridotta dalla presentazione dello stimolo target (Dujardin e Laurent, 2003). I dati finora esposti sembrerebbero indicare, dunque, che le capacità di immagazzinamento e consolidamento dell'informazione, che si ritiene dipendano prevalentemente dall'attività dei lobi temporali, siano sostanzialmente conservate in questi pazienti mentre è probabile che a essere deficitari siano i meccanismi di codifica e di recupero dell'informazione, questi ultimi maggiormente dipendenti dall'attività dei lobi frontali (Pillon et al., 1996). In realtà, a tale proposito, occorre prendere atto del fatto che scarso interesse è stato riservato allo studio dei processi di riconoscimento all'interno della memoria dichiarativa nei pazienti con MP. Questo rende indubbiamente difficile l'acquisizione di una chiara comprensione del problema. Alcuni dati recenti sulle prestazioni dei pazienti con MP a test di riconoscimento sembrano però indicare che non si possa escludere tout-court la presenza di un disturbo in questo ambito. I risultati sia dello studio di Higginson et al. (2005) che del lavoro di Whittington et al. (2006) dimostrano, infatti, che i pazienti con MP hanno prestazioni inferiori dei controlli in alcune prove di riconoscimento dell'informazione precedentemente studiata. Il secondo dei due studi mette anche in luce l'esistenza di una relazione lineare tra i deficit di riconoscimento e la fase di progressione della malattia (Whittington et al., 2006). Una nuova prospettiva nello studio dei processi di riconoscimento nell'ambito della memoria dichiarativa è offerta da un importante lavoro recentemente pubblicato da Davidson et al. (2006). I dati del lavoro sostanzialmente evidenziano la presenza di una difficoltà nei pazienti con MP senza demenza nel formulare un giudizio di *familiarità* relativamente a stimoli incontrati in precedenza. In sintesi, dunque, i risultati degli studi menzionati lasciano aperte diverse ipotesi sulla natura del deficit mnestico osservato nei pazienti con MP. Secondo l'idea che riscuote i maggiori consensi in letteratura, tale deficit sarebbe connesso con un'alterazione delle capacità di controllo attenzionale interno, capacità necessarie per la strutturazione di strategie efficaci per la codifica e il richiamo dell'informazione (Dubois e Pillon, 1997). Non può essere scartata, però, l'ipotesi sull'implicazione in alcuni soggetti anche dei processi di mantenimento e consolidamento dell'informazione.

3.4
Un nuovo ambito di studio: la memoria prospettica

La scelta di dedicare un paragrafo distinto alla trattazione dei disturbi di memoria prospettica nella MP, sottoponendoli, quindi, a particolare attenzione, è motivata dal fatto che sebbene questo sia un ambito di ricerca recente, i risultati degli studi fino ad ora eseguiti sono piuttosto promettenti nell'evidenziare alcune caratteristiche peculiari del disturbo cognitivo nei pazienti con MP. Un altro motivo che giustifica la scelta di porre una particolare attenzione alla discussione dei deficit di memoria prospettica deriva dalla considerazione, questa di natura squisitamente clinica, che tali alterazioni cognitive possano avere ripercussioni particolarmente negative sull'autonomia funzionale della persona che ne è affetta e sui propri familiari.

La memoria prospettica è considerata l'abilità o, più correttamente, l'insieme di abilità che consentono di ricordare di eseguire un'azione nel futuro, allo scadere di un tempo dato (*time-based*) ovvero, al presentarsi di uno specifico evento (*event-based*). È suddivisa in due componenti: una componente propriamente prospettica, che si riferisce alla capacità di attivare spontaneamente, autonomamente l'intenzione di eseguire un determinato atto al momento opportuno; la seconda componente, definita retrospettiva, si riferisce, invece alla capacità di rievocare il contenuto stesso dell'intenzione (Einstein e McDaniel, 1996). Appare evidente come diverse funzioni cognitive debbano essere necessariamente implicate nei processi di memoria prospettica. Si ritiene, in particolare, che il sistema esecutivo sia specificamente coinvolto nella componente che abbiamo sopra definito "propriamente prospettica", mentre, secondo vari Autori, la componente retrospettiva dipenderebbe maggiormente dal sistema della memoria episodica che sottende il recupero di fatti e eventi passati (Burgess e Shallice, 1997; Carlesimo et al., 2004). La comprensione del significato che può assumere un disturbo della memoria prospettica in termini di funzionalità del soggetto è senz'altro intuitiva. Seguire un progetto, un piano di trattamento oppure, semplicemente, rispettare un appuntamento, sono solo alcune delle attività che possono risultare gravemente compromesse da un deficit in questo ambito. Studi precedenti hanno, a tale proposito, documentato che i disturbi di memoria prospettica sono tra i maggiori predittori di disabilità funzionale in pazienti neurologici, con conseguenze significativamente negative sulla qualità della vita (Einstein et al., 1992; Burgess, 2000; Kliegel e Martin, 2003). Inoltre, alcuni lavori hanno anche dimostrato che i disturbi in questo ambito cognitivo sono presenti in soggetti con un disturbo cognitivo lieve, probabilmente indicativo di una fase preclinica di demenza (*mild cognitive impairment*- MCI) (Troyer e Murphy, 2007; Blanco-Campal et al., 2009; Karantzoulis et al., 2009; Schmitter-Edgecombe et al., 2009 Costa et al., in corso di stampa) e nelle fasi iniziali della demenza di Alzheimer (Huppert e Beardsall, 1993; Huppert et al., 2000). Questi dati pongono l'attenzione sull'opportunità di eseguire studi longitudinali in popolazioni target al fine di valutare il possibile valore predittivo dei deficit di memoria prospettica sullo sviluppo di sindromi neurodegenerative associate a demenza.

Venendo ora alla discussione sulla memoria prospettica nei pazienti con MP, nonostante l'esiguità dei dati finora raccolti, un crescente interesse è presente in letteratura su questo tema. Negli studi attualmente disponibili sono stati sostanzialmente utilizzati paradigmi sperimentali in cui ai partecipanti era richiesto di compiere delle azioni dopo un certo intervallo di tempo, ovvero al verificarsi di un evento specifico. Tipicamente, nell'intervallo che intercorre tra le istruzioni date dall'esaminatore e il momento in cui è necessario attivarsi per compiere le azioni richieste, i soggetti sono impegnati nello svolgimento di compiti di natura attentiva (*ongoing task*). Nel primo di questi studi, Katai et al. (2003) hanno confrontato la prestazione di un gruppo di pazienti con MP senza demenza con quella di un gruppo di soggetti sani a paradigmi *time-based* (i soggetti dovevano eseguire un'azione allo scadere di un determinato tempo) ed *event-based* (i soggetti dovevano eseguire una specifica azione al presentarsi di una parola target). I risultati documentano nei pazienti con MP una riduzione della capacità di attivarsi spontaneamente al fine di eseguire le azioni prestabilite nel compito *event-based* ma non nel compito *time-based*. Gli Autori non hanno trovato, invece, differenze significative tra i due gruppi nella componente retrospettiva del compito. I dati di uno studio successivo di Kliegel et al. (2005) vanno nella stessa direzione, rilevando una minore efficienza dei pazienti con MP nella componente prospettica di un compito *event-based* rispetto ai soggetti di controllo senza riscontrare, di nuovo, alterazioni significative nella componente retrospettiva. Risultati parzialmente divergenti emergono da uno studio di Altgassen et al. (2007) in cui è stato mostrato che il deficit di memoria prospettica nei pazienti con MP può essere connesso con il grado di priorità soggettiva data al compito. Più specificamente, in questo studio i pazienti con MP raggiungevano prestazioni comparabili a quelle dei soggetti di controllo quando l'attenzione era esplicitamente focalizzata sul compito prospettico e non sull'*ongoing task*, mentre la prestazione si riduceva significativamente quando l'attenzione era forzata su quest'ultimo. In due studi successivi condotti nel nostro laboratorio abbiamo cercato di approfondire lo studio dei processi di memoria prospettica nei pazienti con MP indagando, nel primo dei due studi (Costa et al., 2008a), la relazione con i disturbi esecutivi e di memoria episodica e, nel secondo (Costa et al., 2008b), l'associazione con la terapia con levodopa. In particolare, nel primo studio (Costa et al., 2008a), a un gruppo di 23 pazienti con MP senza demenza e a un gruppo di controlli sani abbiamo somministrato due procedure sperimentali in cui si chiedeva ai soggetti di compiere tre azioni tra loro non correlate dopo 20 minuti (condizione *time-based*) ovvero al suono di un timer (condizione *event-based*). I risultati dello studio evidenziano una chiaro deficit dei pazienti con MP nel compito *time-based* che coinvolge sia la componente prospettica che la componente retrospettiva del compito. Inoltre, la prestazione nella componente prospettica, ma non in quella retrospettiva, è risultata associata al punteggio ottenuto ad alcuni test per l'esame delle funzioni esecutive o "frontali". Nello studio successivo (Costa et al., 2008b), a un gruppo diverso di 20 pazienti con MP è stata somministrata una procedura sperimentale simile a quella utilizzata nello studio precedente in due condizioni: una condizione *off* (dopo *wash-out* della terapia farmacologica); una seconda condizione (*on*) dopo somministrazione in acuto di levodopa. I risultati documentano un significativo miglioramento dell'accuratezza nella componente prospettica del compito dopo somministrazione del farmaco, tanto da rendere i pazienti con MP non più differenziabili dai soggetti di controllo.

Nel sintetizzare i dati esposti, i seguenti punti appaiono di particolare rilievo: a) la memoria prospettica è deficitaria nei pazienti con MP; b) il deficit osservato coinvolge maggiormente la capacità di attivazione spontanea, e dunque la componente propriamente prospettica dei compiti utilizzati; c) sono presenti alcune indicazioni sulla relazione tra questi deficit e il disturbo disesecutivo. Relativamente a questo punto, interessante è il dato emergente da studi precedenti che evidenziano una ridotta capacità dei pazienti con MP di stimare correttamente intervalli discreti di tempo (Koch et al., 2008). Difficoltà, questa, che potrebbe giocare un ruolo nel determinare i deficit nella componente prospettica dei compiti *time-based*; d) il deficit di memoria prospettica appare connesso con l'alterazione della trasmissione dopaminergica.

Un aspetto che probabilmente cattura il clinico attento è la possibilità di tracciare un parallelismo tra le caratteristiche del deficit di memoria prospettica, qui descritte, e un fenomeno che nei pazienti con MP è spesso presente, definito "acinesia paradossa" (Jahanshahi et al., 1995; Majsak et al., 1998; Siegert et al., 2002; ma vedi Ballanger et al., 2006 per conclusioni parzialmente divergenti). In parole povere, il termine si riferisce a un comportamento per cui una persona affetta da MP sarebbe in grado di avviare dei movimenti in risposta a stimoli esterni più rapidamente di quanto farebbe se dovesse attivare il movimento in modo completamente autonomo-volontario. Al di là delle osservazioni cliniche, diversi studi sperimentali hanno documentato che la capacità di dare inizio a una sequenza motoria è più problematica per il paziente che deve fare riferimento a meccanismi autocentrati (autodeterminati), rispetto alla situazione in cui la spinta ad agire è determinata da un evento esterno (Jahanshahi et al., 1995; Majsak et al., 1998; Siegert et al., 2002). In linea di massima, queste osservazioni sono in accordo sia con i dati di un nostro studio, precedentemente menzionato, che evidenziavano una compromissione selettiva della componente prospettica (capacità di attivazione autonoma) dopo sospensione della levodopa (Costa et al., 2008b), che con i risultati di altri lavori i quali mostrano chiaramente come, nell'ambito dei processi di memoria dichiarativa, i pazienti con MP incontrino difficoltà specifiche nel mettere in atto spontaneamente strategie di recupero dell'informazione, ma abbiano minori problemi quando il recupero dell'informazione è determinato da *cue* esterni (Dujardin e Laurent, 2003). Foster et al. (2009) hanno, infatti, recentemente dimostrato che, anche in compiti di memoria prospettica event-based, i pazienti con MP ottengono prestazioni significativamente peggiori rispetto ai soggetti di controllo specificamente quando il recupero (attivazione) dell'intenzione deve essere sostenuto da strategie attive di monitoraggio. In questa prospettiva si inserisce l'idea espressa recentemente da Ridley et al. (2006), secondo cui la difficoltà dei pazienti con MP di accedere all'informazione immagazzinata potrebbe essere la conseguenza di "una forma di neglect dell'intenzione, un difetto di volizione" che porterebbe i pazienti "a mostrare difficoltà nel mettere in atto autonomamente strategie di recupero dell'informazione sebbene non mostrino amnesia retrograda in condizioni di test che richiedono e quindi determinano il recupero stesso". Ampliando il ragionamento, si può ipotizzare che una componente dei deficit cognitivi che si riscontrano nei pazienti con MP sia rappresentata da una difficoltà di sostenere "l'intenzionalità", intesa come capacità di generare in modo autonomo la spinta (*drive*) necessaria all'azione. In questo senso, l'approfondimento dello studio dei meccanismi propri della memoria prospettica può rappresentare un interessante e fertile ambito di ricerca per giungere a una comprensione più chiara delle caratteristiche del deficit cognitivo nei pazienti con MP.

Dalla discussione proposta in questo paragrafo emerge, tra le altre, una considerazione di carattere prettamente clinico: può essere particolarmente informativo inserire nell'assessment neuropsicologico dei pazienti con MP anche una valutazione formale della memoria prospettica. In linea generale, infatti, questa non è attualmente prevista e appare, alla luce dei dati discussi nella presente sessione, come una carenza. A questo proposito, come precedentemente accennato, i risultati di alcuni studi indicano non solo che il deficit di memoria prospettica può essere associato a una compromissione funzionale importante nell'individuo che ne è affetto, ma sottolineano anche il valore predittivo che può avere un disturbo in questo dominio cognitivo sullo sviluppo di demenza (Huppert e Beardsall, 1993). Un'ultima nota in chiave riabilitativa: una volta riscontrato il deficit di memoria prospettica e definito il ruolo giocato dai processi esecutivi e mnesici, il focus dell'intervento potrebbe essere centrato sul miglioramento delle strategie cognitive utilizzate nella pianificazione delle sequenze comportamentali. Una corretta valutazione di questo disturbo potrebbe quindi consentire di orientare correttamente l'intervento riabilitativo cognitivo con la possibilità di incidere probabilmente in modo significativo sui problemi della vita quotidiana del paziente.

3.5
Cenni sui correlati neurobiologici dei disturbi cognitivi nella malattia di Parkinson

Questo paragrafo è dedicato alla discussione relativa al coinvolgimento di specifici circuiti neurali nei deficit cognitivi nella MP. Per una trattazione più ampia sulle basi neurobiologiche di tali deficit si rimanda, comunque, al Capitolo 6. In termini generali, il riscontro precoce di disturbi neuropsicologici nella MP sembra sia da porre in stretta relazione con la disregolazione dei loop cortico-striatali che si verifica nella malattia (Owen et al., 1997; Lewis et al., 2003a). In particolare, si ritiene che la deplezione dopaminergica che si verifica a livello delle porzioni rostrali del nucleo caudato, un'area strettamente connessa con le regioni dorsolaterali dei lobi frontali (Alexander et al., 1986; Yeterian e Panda, 1991), sia la causa del verificarsi di deficit di alcune funzioni esecutive e della memoria di lavoro (Costa et al., 2003; Lewis et al., 2005b; Moustafa et al., 2008; Pascual-Sedano et al., 2008; Costa et al., 2009). A tale riguardo, in uno dei lavori del nostro laboratorio (Costa et al., 2009), abbiamo anche dimostrato come l'effetto della stimolazione recettoriale dopaminergica sulla prestazione in compiti di memoria di lavoro possa dipendere dalla qualità della prestazione stessa alla baseline. In breve, la somministrazione della terapia (in questo caso pramipexolo o pergolide) produceva un effetto miglioratorio sulla prestazione cognitiva selettivamente in quei pazienti che mostravano prestazioni basali al di sotto della media dell'intero gruppo. Questo dato è particolarmente interessante poiché supporta l'ipotesi secondo cui l'effetto della terapia dopaminergica sulle funzioni cognitive nei pazienti con MP sarebbe da porre in relazione ai livelli preesistenti di dopamina in circuiti target (vedi Cools, 2006).

Riprendendo la discussione sul coinvolgimento del nucleo caudato nei deficit cognitivi nella MP, il sostanziale risparmio iniziale delle porzioni ventrali di questa struttura, aree prevalentemente connesse con le regioni ventrali dei lobi frontali (Yeterian e Pandya, 1991), giustificherebbe la relativa conservazione di alcune funzioni cognitive (Owen, 2004) (per esempio, capacità di modificare lo schema comportamentale in relazione al cambiamento dei rinforzi ambientali, generalmente valutata in compiti di reversal learning) (Swainson et al., 2000; Cools et al., 2001; 2003). In particolare, Swainson et al. (2000), confrontando pazienti in diverse fasi della malattia - pazienti lievemente ammalati non ancora trattati farmacologicamente; pazienti con grado lieve e severo di malattia in trattamento con molecole ad azione dopaminergica - hanno riscontrato che i pazienti più lievemente ammalati raggiungevano prestazioni significativamente migliori rispetto agli altri due gruppi di soggetti in task specificamente allestiti per valutare le capacità di reversal learning. Ciò sarebbe indice di un minore interessamento del circuito costituito dal nucleo caudato ventrale e dalla corteccia orbitofrontale nelle fasi iniziali della malattia se comparato con il funzionamento del circuito caudato dorsale-corteccia prefrontale dorsolaterale.

Riguardo al possibile coinvolgimento differenziale delle strutture cortico-sotticorticali dell'encefalo nella mediazione di specifici deficit cognitivi nella MP, una serie di studi introduce alcuni elementi interessanti di discussione. Owen et al. (1998), hanno esaminato, nei pazienti con MP senza demenza, le variazioni di flusso ematico cerebrale tramite l'applicazione della tomografia a emissione di positroni (PET) durante lo svolgimento di test di pianificazione (Torre di Londra) e di memoria di lavoro. Gli Autori hanno riscontrato un'associazione tra le alterazioni di flusso nelle strutture dei gangli della base e la prestazione cognitiva dei pazienti. I dati di questo studio sono stati sostanzialmente replicati in uno studio successivo da Dagher et al. (2001). Parzialmente divergenti sono i dati di un altro lavoro di Cools et al. (2002), anch'esso eseguito con tecnica di indagine PET. In questo caso, infatti, i risultati mostrano, in seguito a somministrazione di levodopa, una normalizzazione del flusso ematico esclusivamente nella corteccia prefrontale dorsolaterale destra.

Uno studio successivo di Lewis et al. (2003a) condotto con l'applicazione della risonanza magnetica funzionale (fRMI), consente, probabilmente, di esplorare in modo più approfondito il contributo differenziale delle strutture corticali e sottocorticali nella genesi del disturbo cognitivo nella MP. I dati emersi dallo studio mettono in luce, infatti, che le strutture del nucleo caudato presentano una significativa minore attivazione durante lo svolgimento sia di un compito di semplice retrieval che di un compito di manipolazione dell'informazione. Diversamente, dai risultati emerge che una riduzione di attivazione delle regioni della corteccia prefrontale è specificamente associata all'esecuzione del task in cui è richiesta un'attiva manipolazione degli stimoli. In sintesi, le osservazioni qui proposte forniscono sostegno all'idea che le strutture cortico-sottocorticali siano implicate in modo peculiare nel deficit cognitivo nella MP. In particolare, è stata avanzata l'ipotesi che il coinvolgimento del nucleo caudato potrebbe determinare un effetto generale sull'attività cognitiva di questi pazienti mentre un'alterazione a livello della corteccia prefrontale giustificherebbe la presenza di specifici deficit esecutivi (Owen, 2004).

3.6
Disturbi affettivi e deficit neuropsicologici nella malattia di Parkinson

Un quesito tuttora dibattuto in letteratura è se esista una relazione tra alterazioni dell'umore (per esempio la depressione) e deficit neuropsicologici nella MP, e in che modo, eventualmente, tale interazione si manifesti. Prima di passare alla discussione di questo punto, è però necessario fornire brevemente alcuni dati sulla presenza dei disturbi depressivi nella MP. Probabilmente la depressione può essere considerata il disturbo psicopatologico più frequente nella MP. Già Cummings (1992) evidenziava, infatti, come questa potesse riguardare una percentuale significativa di pazienti stimabile intorno al 40%. I numerosi studi successivamente eseguiti non hanno però prodotto risultati univoci. Le ragioni di tali divergenze sono ben esposte e analizzate in una brillante disamina dell'argomento, in cui Reijnders et al. (2008) propongono una meta analisi degli studi più rilevanti selezionati in base a criteri di qualità piuttosto restrittivi. Sulla base della tesi esposta dagli Autori, si è portati a ritenere che probabilmente le differenze tra i risultati degli studi siano dovute alle caratteristiche delle popolazioni studiate, al modo in cui è stata formulata la diagnosi di depressione così come all'utilizzo di diversi strumenti psicometrici e, infine, alle procedure statistiche adottate (Reijnders et al., 2008). I dati del lavoro di Reijnders et al. (2008) evidenziano, comunque, in modo chiaro come la depressione sia una complicazione piuttosto comune nella MP e che essa interessi la maggior parte dei pazienti. In particolare, la prevalenza media della depressione maggiore è risultata del 17%, quella della depressione minore del 22% e quella della distimia del 13%.

I dati fin qui esposti evidenziano chiaramente la rilevanza clinica del quesito iniziale del presente paragrafo relativo alla possibile esistenza di una relazione tra depressione e deficit neuropsicologici nella MP. Per quanto concerne questo aspetto, alcuni importanti studi trasversali e longitudinali riportano che la depressione in questi pazienti può essere associata al declino cognitivo e al rischio di demenza (Starkstein et al., 1989; Starkstein et al., 1992; Troster et al., 1995). Allo stesso tempo, altri studi hanno mostrato nella stessa tipologia di pazienti la presenza di una relazione più peculiare tra la depressione e alcuni deficit cognitivi selettivi che sembrano coinvolgere, in particolare, la memoria, le capacità di ragionamento e le funzioni esecutive (Kuzis et al., 1997; Norman et al., 2002; Uekermann et al. 2003). Alcuni ricercatori hanno inoltre messo in luce la probabile esistenza di una stretta associazione tra la severità del disturbo depressivo e il grado di compromissione cognitiva (Starkstein et al., 1989; Starkstein et al., 1992; Starkstein e Mayberg 1993). In uno studio condotto nel nostro laboratorio, abbiamo cercato di esaminare la questione della relazione tra disturbi depressivi e deficit neuropsicologici nella MP. In particolare, in questo studio, abbiamo preso in esame un campione ampio di pazienti con MP senza demenza in cui era riscontrato un disturbo depressivo maggiore e un disturbo depressivo minore, e abbiamo confrontato le prestazioni di questi pazienti a test neuropsicologici con quelle di pazienti con MP senza segni né sintomi riferibili ad alterazioni dell'umore (Costa et al., 2006a). I dati dello studio evidenziano una particolare associazione tra severità e qualità del disturbo depressivo e i deficit cognitivi nei pazienti esaminati. Infatti, i pazienti con depressione maggiore sono risultati i più compromessi sul piano cognitivo in quanto hanno raggiunto prestazioni significativamente peggiori rispetto ai pazienti non depressi in test di memoria episodica a lungo termine, per l'esame delle funzioni esecutive e di ragionamento logico-deduttivo. Differentemente, i pazienti con depressione minore hanno mostrato puntieggi intermedi tra quelli dei pazienti con depressione maggiore e quelli dei pazienti non depressi, non differenziandosi significativamente dagli altri due gruppi. I risultati dello studio sono senz'altro in linea con alcuni dei dati presenti in letteratura, ma aggiungono anche ai dati precedentemente pubblicati nuova informazione sull'idea che la depressione minore e la depressione maggiore possano costituire un continuum nella manifestazione del deficit cognitivo nella MP (Costa et al., 2006a).

Complessivamente, dunque, abbiamo evidenze convincenti a sostegno di un'interazione tra depressione e deficit neuropsicologici nella MP. Ancora non compiutamente chiarita è, però, la natura di tale interazione. Le ragioni per cui può sussistere un'associazione tra disturbi depressivi e cognitivi nella MP sono, infatti, molteplici. In una prospettiva psicologica, la minore disponibilità di risorse attentive così come, parimenti, la ridotta spinta motivazionale, che spesso si riscontrano nei pazienti con depressione, possono influire in modo significativo sulle prestazioni cognitive, particolarmente nelle prove più impegnative e che prevedono dei limiti di tempo. In una prospettiva neurobiologica, il riscontro di una maggiore gravità dei deficit cognitivi nei pazienti con MP e depressione maggiore è senza dubbio congruente con i risultati di studi di *neuroimaging* funzionale, i quali documentano, nei pazienti con MP e depressione maggiore, rispetto ai pazienti con MP non depressi, una riduzione significativa dell'attività metabolica nelle regioni frontali che si ritiene siano coinvolte nella mediazione dei processi esecutivi e di memoria a lungo termine (Mayberg et al., 1990; Ring et al., 1994). Il riscontro di un'associazione tra depressione e disturbi cognitivi nella MP è anche, in modo piuttosto interessante, in linea con i dati provenienti da studi in soggetti con depressione primaria. I risultati di questi studi sottolineano, infatti, che la depressione maggiore può essere associata a una compromissione delle funzioni esecutive e di alcune componenti dei processi di memoria (Cronholm et al., 1961; Sternberg et al., 1976; Caine, 1986; Calev et al., 1989; Goodwin, 1997; Ravnkilde et al., 2002). Inoltre, da una bella *review* di Rogers et al. (1998), in cui gli Autori hanno preso in esame 15 lavori di neuroimmagini, emerge che la depressione è associata a un'alterazione significativa dell'attività di alcune regioni corticali quali quelle che definiscono la corteccia prefrontale dorsolaterale, la corteccia anteriore del cingolo e la corteccia temporale. La comprensione di quale sia il contributo dei disturbi depressivi nel determinare il deficit cognitivo nella MP è, in realtà, una materia che necessita di ulteriore approfondimento scientifico. Alcuni dati evidenziano, ad esempio, che dal confronto tra le prestazioni dei pazienti con MP e depressione maggiore e quelle di soggetti con depressione maggiore senza MP, i pazienti con MP risultano particolarmente deficitari in quei compiti ritenuti sensibili a un malfunzionamento dei sistemi frontali (formazione di concetti e abilità di *shifting*; Kuzis et al.,1997). I dati di un interessante studio successivo eseguito da Santangelo et al. (2009), hanno anche messo in luce una più specifica associazione tra alcuni sintomi che si riscontrano nel corso del disturbo depressivo nei pazienti con MP, quali l'anedonia e l'apatia, e la gravità del deficit cognitivo. Questi dati potrebbero indicare l'esistenza di una peculiare interazione tra le caratteristiche dei disturbi depressivi e i cambiamenti neurobiologici che si verificano nella MP nel determinare il deficit cognitivo in questi pazienti.

La sessione conclusiva del presente capitolo è dedicata a un aspetto piuttosto nuovo nell'ambito dei disturbi affettivi nella MP, quale può essere considerato l'alessitimia. Con questo termine si intende un'alterazione della regolazione affettiva caratterizzata da una ridotta capacità di identificare e descrivere i propri sentimenti e da uno stile cognitivo orientato verso l'esterno (Taylor et al., 1991). Inoltre, una stretta associazione tra alessitimia e disturbi depressivi è stata documentata sia nella popolazione generale che in soggetti con patologie psichiatriche (Honkalampi et al., 1999; Honkalampi et al., 2000; Saarijärvi et al., 2001; Muller et al., 2003). L'interesse nello studio di questa dimensione nella MP ha inizio in epoca recente con una serie di lavori svolti nel nostro laboratorio in cui abbiamo cercato di esaminarne le caratteristiche in una duplice prospettiva: psicopatologica e neuropsicologica.

In realtà, facendo un passo indietro, il riscontro di disturbi nell'ambito della processazione dell'esperienza emozionale nei pazienti con MP non è in sé un reperto nuovo. Diversi studi hanno, infatti, precedentemente documentato una difficoltà in questi pazienti sia nell'individuazione del significato emotigeno delle espressioni facciali (Jacobs et al., 1995; Tessitore et al., 2002; Simons et al., 2004; Dujardin et al., 2004; ma vedi Adolphs et al., 1998 per una visione parzialmente divergente) che nella comprensione e produzione della comunicazione verbale con valenza emotiva (Benke et al., 1998; Breinstein et al., 2001; Crucian et al., 2001).

Berthoz et al. (2002) hanno sostenuto in un recente lavoro l'idea che lo stile affettivo, cioè le disposizioni affettive individuali, rivestano un ruolo determinante nella modulazione delle capacità di elaborare l'esperienza emotiva e hanno formulato l'ipotesi che l'alessitimia potrebbe essere associata a una scarsa abilità di formare compiute rappresentazioni interne di stati emozionali. Estendendo il ragionamento di Berthoz et al. (2002), è possibile ipotizzare che i disturbi emozionali esibiti dai pazienti con MP siano attribuibili ad alterazioni di tipo alessitimico, e questa è l'idea da cui siamo partiti per i nostri studi. I dati emersi sono in parte a sostegno di questa idea, laddove essi evidenziano che l'alessitimia coinvolge una proporzione elevata di pazienti con MP senza demenza, in associazione con i disturbi depressivi (circa il 21%; Costa et al., 2006b; Costa et al. *in corso di stampa*). L'analisi qualitativa dei dati ha inoltre mostrato che l'alessitimia in questo gruppo di pazienti è caratterizzata da una specifica alterazione dei processi implicati nella capacità di comunicare e descrivere le emozioni, ma non da un deficit più generalizzato dell'abilità di identificazione delle stesse (Costa et al., *in corso di stampa*). Nell'ultimo dei tre studi da noi eseguiti abbiamo, infine, dimostrato che alcune componenti del disturbo alessitimico nella MP sono associate a deficit neuropsicologici specifici (Costa et al., 2007). I dati dell'ultimo lavoro potrebbero indicare, indirettamente, una possibile relazione tra l'alessitimia e alcune delle modificazioni neurobiologiche che si verificano nella MP. In linea con questa idea sono i risultati di alcuni studi precedenti che hanno messo in luce, da un lato, il coinvolgimento nel corso della malattia di alcune delle strutture cerebrali che si ritiene siano coinvolte nell'elaborazione dell'esperienza emozionale quali, ad esempio, l'amigdala e la corteccia orbitofrontale (Torak e Morris, 1988; Ouchi et al., 1999) e, dall'altro lato, l'importanza della trasmissione dopaminergica a questo livello (Tessitore et al., 2002; Wang et al., 2002). Particolarmente interessante è il dato che evidenzia una bassa reattività delle regioni cerebrali dell'emisfero destro in risposta alla presentazione di stimoli emotigeni negativi nei pazienti con MP (Troisi et al., 2002). Questo dato appare, infatti, coerente con i risultati del nostro studio in cui abbiamo rilevato un'associazione significativa tra l'alessitimia e i deficit cognitivi riferibili a un'alterazione del funzionamento di regioni target dell'emisfero destro (Bechara et al., 2000; Johnson et al., 2002; Ochsner et al., 2002; Costa et al., 2007). Considerati nel loro insieme i dati sopra esposti, è plausibile formulare l'ipotesi di una relazione tra alessitimia e alterazioni neurobiologiche nella MP. È chiaro, comunque, che, allo stato attuale, questa rimane solo un'ipotesi che necessita di ulteriore approfondimento.

In conclusione, i dati disponibili indicano che l'alessitimia può essere una questione rilevante da un punto di vista clinico nella MP. Infatti, considerando i dati di alcune ricerche nelle quali è riportato che la ridotta abilità di descrivere e comunicare i sentimenti - caratteristica con cui sembra manifestarsi l'alessitimia nella MP - si accompagna a problemi interpersonali e a rilevanti difficoltà nell'utilizzare in modo adeguato le risorse ambientali (Lumley, 2004; Spitzer et al., 2005), la precoce individuazione di questo disturbo, unitamente all'implementazione di trattamenti efficaci, potrebbe avere significative ripercussioni positive sulla qualità della vita del paziente.

3.7
Conclusioni

Intorno al tema dei disturbi neuropsicologici nella MP è presente un vivace dibattito e, indubbiamente, le informazioni disponibili in letteratura su tale argomento sono molto più ampie di quanto si possa desumere dalla revisione qui proposta. In termini di prospettive di sviluppo, una questione centrale è senz'altro costituita dalla necessità di allestire strumenti psicometrici più sensibili e affidabili e con maggiore validità ecologica rispetto a quelli attualmente in uso, al fine di consentire il progresso della conoscenza sulle caratteristiche specifiche e sull'implicazione pratica dei deficit cognitivi nei pazienti con MP.

Di interesse sia per il clinico che per il ricercatore è chiaramente la possibilità di approndire lo studio dei correlati neurobiologici dei deficit cognitivi e, in particolare, del ruolo giocato dai diversi sistemi di neurotrasmettitori nei processi cerebrali che mediano il funzionamento cognitivo nella MP. Questo ambito di ricerca, sebbene agli esordi, è senza dubbio promettente potendo avvalersi delle potenzialità offerte dalle tecniche di neuroimmagini attualmente disponibili.

In conclusione, alla luce di quanto discusso nel presente lavoro, emerge chiaramente come la promozione di un approccio integrato allo studio dei disturbi neuropsicologici nella MP sia l'unica strada perseguibile al fine di raggiungere risultati scientifici e clinici di rilievo. In questo senso, un punto centrale è senz'altro rappresentato dalla possibilità di acquisire conoscenze trasferibili sul piano terapeutico che possano determinare, dunque, una migliore gestione della malattia.

Bibliografia

Aarsland D, Zaccai J, Brayne C (2005) A systematic review of prevalence studies of dementia in Parkinson's disease. Mov Disord 20:1255-1263

Adolphs R, Schul R, Tranel D (1998) Intact recognition of facial emotion in Parkinson's disease. Neuropsychology 12:253-258

Alexander GE, Delong MR, Strick PL (1986) Parallel organisation of functionally segregated circuits linking basal ganglia and cortex. Annu. Rev. Neurosci 9:357-381

Altgassen M, Zöllig J, Kopp U et al (2007) Patients with Parkinson's disease can successfully remember to execute delayed intentions. J Int Neuropsychol Soc 13:888-892

Baddeley A (1986) Working memory. Clarendon Press, Oxford.

Ballanger B, Thobois S, Baraduc P et al (2006) "Paradoxical kinesis" is not a hallmark of Parkinson's disease but a general property of the motor system. Mov Disord 21:1490-1495

Barbarulo AM, Grossi D (2005) Le demenze degenerative con preminente coinvolgimento frontale. In: Grossi D, Trojano L (a cura di) Neuropsicologia dei lobi frontali, il Mulino, Bologna

Benke TH, Bosc S, Andree B (1998) A study of emotional processing in Parkinson's disease. Brain Cogn 38:36-52

Berthoz S, Artiges E, Van de Moortele PF et al (2002) Effect of impaired recognition and expression of emotions on frontocingulate cortices: an fMRI study of men with alexithymia. Am J Psychiatry 159:961-967

Blanco-Campal A, Coen RF, Lawlor BA et al (2009) Detection of prospective memory deficits in mild cognitive impairment of suspected Alzheimer's disease etiology using a novel event-based prospective memory task. J Int Neuropsychol Soc 15:154-159

Bohnen NI, Kaufer DI, Hendrickson R et al (2006) Cognitive correlates of cortical cholinergic denervation in Parkinson's disease and parkinsonian dementia. J Neurol 253:242-247

Boller F, Passafiume D, Keefe NC et al (1984) Visuospatial impairment in Parkinson's disease: role of perceptual and motor factors. Arch Neurol 41:485-490

Bondi MW, Kaszniak AW, Bayles KA, Vance KT (1993) Contribution of frontal system dysfunction to memory and perceptual abilities in Parkinson's disease. Neuropsychology 7:89-102

Bowen FP, Hoehn MM, Yahr MD (1972) Parkinsonism: alterations in spatial orientation as determined by route-walking test. Neuropsychologia10:335-361

Bradley VA, Welch JA, Dick DJ (1989) Visuospatial working memory in Parkinson's disease. J Neurol Neurosurg Psychiatry 52:1228-1265

Breinstein C, Van Lancker D, Daum I, Waters CH (2001) Impaired perception of vocal emotions in Parkinson's disease:influence of speech time processing and executive functioning. Brain Cogn 45:277-314

Brown RG, Marsden CD (1991) Dual task performance and processing resources in normal subjects and patients with Parkinson's disease. Brain 114:215-231

Burgess PW (2000) Strategy application disorder: the role of frontal lobes in human multitasking. Psychol Res 63:279-288

Burgess PW, Shallice T (1997) The relationship between prospective and retrospective memory: neuropsychological evidence. In: Conway MA (Ed) Cognitive models of memory, Psychology Press, Hove

Buter TC, van de Hout A, Matthews FE et al (2008) Dementia and survival in Parkinson's disease: a 12 year population study. Neurology 70:1017-1022

Caballol N, Martì MJ, Tolosa E (2007) Cognitive dysfunction and dementia in Parkinson's disease. Mov Disord 17(Suppl):358-366

Caine ED (1986) The neuropsychology of depression: the pseudodementia syndrome. In: Grant I, Adams KM (Ed) Assessment of neuropsychiatric disorders, Oxford UP, New York

Calabresi P, Picconi B, Parnetti L, Di Filippo M (2006) A convergent model for cognitive dysfunc-

3

tions in Parkinson's disease: the critical dopamine-acetylcholine synaptic balance. Lancet Neurol 5:974-983

Calev A, Nigal D, Chazan S (1989) Retrieval from semantic memory using meaningful and meaningless constructs by depressed, stable bipolar and manic patients. Br J Clin Psychol 28:67-73

Carlesimo GA, Casadio P, Caltagirone C (2004) Prospective and retrospective components in the memory for actions to be performed in patients with severe closed-head injury. J Int Neuropsychol Soc 10:679-688

Cools R (2006) Dopaminergic modulation of cognitive function-implications for L-dopa treatment in Parkinson's disease. Neurosci Biobehav Rev 30:1-23

Cools R, Barker R, Sahakian B, Robbins TW (2003) L-dopa medication remediates cognitive inflexibility, but increases impulsivity in patients with Parkinson's disease. Neuropsychologia 41:1431-1441

Cools R, Barker RA, Sahakian BJ, Robbins TW (2001) Enhanced or impaired cognitive function of dopaminergic medication and task demands. Cereb Cortex 11:1136-1143

Cools R, Stefanova E, Barker RA et al (2002) Dopaminergic modulation of high-level cognition in Parkinson's disease: the role of the prefrontal cortex revealed by PET. Brain 125:584-594

Costa A, Peppe A, Caltagirone C, Carlesimo GA (2008a) Prospective memory impairment in individuals with Parkinson's disease. Neuropsychology 22:283-292

Costa A, Peppe A, Brusa L et al (2008b) Levodopa improves prospective memory in Parkinson's disease. J Int Neuropsychol Soc 14:601-610

Costa A, Peppe A, Carlesimo GA et al (2006a) Major and minor depression in Parkinson's disease: a neuropsychological investigation. Eur J Neurol 13:972-980

Costa A, Peppe A, Carlesimo GA et al (2006b) Alexithymia in Parkinson's disease is related to severity of depressive symptoms. Eur J Neurol 13:836-841

Costa A, Peppe A, Carlesimo GA et al (2007) Neuropsychological correlates of alexithymia in Parkinson's disease. J Int Neuropsychol Soc 13:980-992

Costa A, Peppe A, Carlesimo GA et al (in corso di stampa) Prevalence and characteristics of alexithymia in Parkinson's disease. Psychosomatics

Costa A, Peppe A, Dell'Agnello G et al (2003) Dopaminergic modulation of visual-spatial working memory in Parkinson's disease. Dement Geriatr Cogn Disord 15:55-66

Costa A, Peppe A, Dell'Agnello G et al (2009) Dopamine and cognitive functioning in de-novo subjects with Parkinson's disease: effects of pramipexole and pergolide on working memory. Neuropsychologia 47:1374-1381

Costa A, Perri R, Serra L et al (in corso di stampa) Prospective memory functioning in mild cognitive impairment. Neuropsychology

Cronholm B, Ottosson J (1961) Memory functions in endogenous depression. Arch Gen Psychiatry 5:193-199

Crucian GP, Huang L, Barrett AM et al (2001) Emotional conversations in Parkinson's disease. Neurology 56:159-165

Cummings JL (1992) Depression and Parkinson's disease: a review. Am J Psychiatry 149:443-454

Dagher A, Owen AM, Boecker H, Brooks DJ (2001) The role of the striatum and hippocampus in planning: a PET activation study in Parkinson's disease. Brain 124:1020-1032

Davidson PS, Anaki D, Saint-Cyr JA et al (2006) Exploring the recognition memory deficit in Parkinson's disease: estimates of recollection versus familiarity. Brain 129:1768-1779

Dubois B, Pillon B (1997) Cognitive deficits in Parkinson's disease. J Neurol 244:2-8

Dujardin K, Blairy S, Defebvre L et al (2004) Deficits in decoding emotional facial expressions in Parkinson's disease. Neuropsychologia 42:139-150

Dujardin K, Laurent B (2003) Dysfunction of the human memory systems: role of the dopaminergica transmission. Curr Opin Neurol 16(suppl 2):11-16

Einstein GO, Holland LJ, McDaniel MA, Guynn MJ (1992) Age-related deficits in prospective memory: the influence of task complexity. Psychol Aging 1:471-478

Einstein GO, McDaniel MA (1996) Retrieval processes in prospective memory: theoretical approaches and some new empirical findings. In: Brandimonte M, Einstein GO, McDaniel MA (Eds) Prospective Memory: Theory and applications. Erlbaum, Mahwah

Emre M (2003) Dementia associated with Parkinson's disease. Lancet Neurol 2:229-237

Emre M, Aarsland D, Brown R et al (2007) Clinical diagnostic criteria for dementia associated with Parkinson's disease. Mov Disord 22:1689-1707

Ferrer I (2009) Early involvement of the cerebral cortex in Parkinson's disease: convergence of multiple metabolic defect. Prog Neurobiol 88:89-103

Foster ER, McDaniel MA, Repovsˇ G, Hershey T (2009) Prospective memory in Parkinson's disease across laboratory and self-reported everyday performance. Neuropsychology 23:347-358

Foster PS, Drago V, FitzGerald D et al (2008) Spreading activation of lexical-semantic networks in Parkinson's disease. Neuropsychologia 46:1908-1914

Fournet N, Moreaud O, Roulin JL et al (1996) Working memory in medicated patients with Parkinson's disease: the central executive seems to work. J Neurol Neurosurg Psychiatry 60:313-317

Fournet N, Roulin JL, Moreaud O et al (2000) Working memory functioning in medicated Parkinson's disease paztients and the effect of withdrawal of dopaminergic medication. Neuropsychology 14:247-253

Goetz CG, Emre M, Dubois B (2008) Parkinson's disease dementia: definitions, guidelines, and research perspectives in diagnosis. Ann Neurol 64(suppl):s81-s92

Goodwin GM (1997) Neuropsychological and neuroimaging evidence for involvement of frontal lobes in depression. J Psychopharmacol 11:115-122

Green J, McDonald WM, Vitek JL et al (2002) Cognitive impairments in advanced PD without dementia. Neurology 59:1320-1324

Hely MA, Reid WG, Adena MA et al (2008) The Sydney multicenter study of Parkinson's disease: the inevitabilità of dementia at 20 years. Mov Disord 23:837-844

Higginson CI, Wheelock VL, Carroll KE, Sigvardt KA (2005) Recognition memory in Parkinson's disease with and without dementia: evidence inconsistent with the retrieval deficit hypothesis. J Clin Exp Neuropsychol 27:516-528

Hofman A, Schulte W, Tanja TA et al (1989) History of dementia and Parkinson's disease in 1st-degree relatives of patients with Alzheimer's disease. Neurology 39:1589-1592

Honkalampi K, Hintikka J, Tanskanen A et al (2000) Depression is strongly associated with alexithymia in the general population. J Psychosom Res 48:99-104

Honkalampi K, Saarinen P, Hintikka J (1999) Factors associated with alexithymia in patients suffering from depression. Psychother Psychosom 68:270-275

Horoupian DS, Thal L, Katzman R et al (1984) Dementia and motor neuron disease: morphometric, biochemical, and Golgi studies. Ann Neurol 16:305-313

Hovestadt A, De Jong GJ, Meerwaldt JD et al (1987) Spatial disorientation as an early symptom of Parkinson's disease. Neurology 37:485-487

Huppert FA, Beardsall L (1993) Prospective memory impairment as an early indicator of dementia. J Clin Exper Neuropsychol 15:805-821

Huppert FA, Johnson T, Nickson J (2000) High prevalence of prospective memory impairment in the elderly and in early-stage dementia: finding from a population-based study. Appl Cogn Psychol 14:S63-S81

Jacobs DH, Shuren J, Bowers D, Heilman KM (1995) Emotional facial imagery, perception, and expression in Parkinson's disease. Neurology 45:1696-1702

Jahanshahi M, Jenkins I, Brown R et al (1995) Self-initiated versus externally triggered movements. An investigation using measurement of regional cerebral blood flow with PET and movement-related potentials in normal and Parkinson's disease subjects. Brain 118:913-933

Janvin C, Aarsland D, Larsen JP, Hugdahl K (2003) Neuropsychological Profile of patients with Parkinson's disease wthout dementia. Dement Geriatr Cogn Disord 15:126-131

Janvin CC, Larsen JP, Aarsland D, Hugdahl K (2006a) Subtypes of mild cognitive impairment in Parkinson's disease: progression to dementia. Mov Disord 21:1343-1349

Janvin CC, Larsen JP, Salmon DP et al (2006b) Cognitive profiles of individual patients with Parkinson's disease and dementia: comparison with dementia with lewy bodies and Alzheimer's disease. Mov Disord 21:337-342

Javoy-Agid F, Agid Y (1980) Is the mesocortical dopaminergic system involved in Parkinson's disease? Neurology 30:1326-1330

Karantzoulis S, Troyer AK, Rich JB (2009) Prospective memory in amnestic mild cognitive impairment. J Int Neuropsychol Soc 15:407-415

Katai S, Maruyama T, Hashimoto T, Ikeda S (2003) Event based and time based prospective memory in Parkinson's disease. J Neurol Neurosurg Psychiatry 74:704-709

Kish SJ, Shannak k, Hornykiewicz O (1988) Uneven patterns of dopamine loss in the striatum of patients with idiopathic Patkinson's disease. Pathophysiologic and clinical implication. N Engl J Med 318:876-880

Kliegel M, Martin M (2003) Prospective memory research: why is it relevant? Int J Psychol 38:193-194

Kliegel M, Phillips LH, Lemke U, Kopp UA (2005) Planning and realisation of complex intentions in patients with Parkinson's disease. J Neurol Neurosurg Psychiatry 76:1501-1505

Koch G, Costa A, Gatto I et al (2008) Impaired memory for seconds (but not milliseconds) time intervals in Parkinson disease. Neuropsychologia 46:1305-1313

Kuzis G, Sabe L, Tiberti C et al (1997) Cognitive functions in major depression and Parkinson disease. Arch Neurol 54:982-986

Lewis SJG, Dove A, Robbins TW et al (2003a) Cognitive impairment in early Parkinson's disease are accompanied by reductions in activity in frontostriatal neural circuitry. J Neurosci 23:6351-6356

Lewis SJG, Cools R, Robbins TW et al (2003b) Using executive heterogeneity to explore the nature of working memory deficits in Parkinson's disease. Neuropsychologia 41:645-654

Lewis SJG, Foltynie T, Blackwell AD et al (2005a) Heterogeneity of Parkinson's disease in the early clinical approach. J Neurol Neurosurg Psychiatry 76:343-348

Lewis SJG, Slabosz A, Robbins TW et al (2005b) Dopaminergic basis for deficits in working memory but not attentional set-shifting in Parkinson's disease. Neuropsychologia 43:823-832

Lumley MA (2004) Alexithymia, emotional disclosure, and health: a program research. J Pers 72:1271-1300

Majsak MJ, Kaminski T, Gentile AM, Flanagam JR (1998) The reaching movements of patients with Parkinson's disease under self-determined maximal speed and visually cued conditions. Brain 121:755-766

Mamikonyan E, Moberg PJ, Siderowf A et al (2009) Mild cognitive impairment is common in Parkinson's disease patients with normal Mini-Mental State Examination (MMSE) scores. Parkinsonism Relat Disord 15:226-231

Marder K, Cote L, Tang M et al (1994) The risk and predictive factors associated with dementia in Parkinson's disease. In: Korczyn A (Ed) Dementia in Parkinson's disease. Monduzzi, Bologna

Mayberg HS, Starkstein SE, Sadzot B et al (1990) Selective hypometabolism in the inferior frontal lobe in depressed patients with Parkinson's disease. Ann Neurol 28:57-64

Moustafa AA, Sherman SJ, Frank MJ (2008) A dopaminergic basis for working memory, learning and attentional shifting in parkinsonism. Neuropsychologia 46:3144-3156

Muller J, Buhner M, Ellgring H (2003) Relationship and differential validity of alexithymia and depression: a comparison of the Toronto Alexithymia and Self-Rating Depression scales. Psychopathology 36:71-77

Muslimovic D, Post B, Speelman JD, Schmand B (2005) Cognitive profile of patients with newly diagnosed Parkinson disease. Neurology 65:1239-1245

Noe E, Marder K, Bell KL et al (2004) Comparison of dementia with Lewy bodies to Alzheimer's disease and Parkinson's disease with dementia. Mov Disord 19:60-67

Norman S, Troster AI, Fields JA, Brooks R et al (2002) Effects of depression and Parkinson's disease on cognitive functioning. J Neuropsychiatry Clin Neurosci 14:31-36

Ouchi Y, Yoshikawa E, Okada H et al (1999) alterations in binding site density of dopamine transporter in the striatum, orbitofrontal cortex, and amygdala in early Parkinson's disease: compartment analysis for beta-CFT binding with positron emission tomography. Ann Neurol 45:601-610

Owen AM (1997) Cognitive planning in humans: neuropsychological, neuroanatomical and neuropharmacological perspectives. Prog Neurobiol 53:431-450

Owen AM (2004) Cognitive dysfunction in Parkinson's disease: the role of frontostriatal circuitry. Neuroscientist 10:527-537

Owen AM, Doyon J, Dagher A et al (1998) Abnormal basal ganglia outflow in Parkinson's disease identified with PET: implication for higher cognitive functions. Brain 121:949-965

Owen AM, Doyon J, Petrides M, Evans AC (1996a) Planning and spatial working memory examined with positron emission tomography (PET). Eur J Neurosci 8:353-364

Owen AM, Evans AC, Petrides M et al (1996b) Evidence for a two-stage model of spatial working memory processing within the lateral frontal cortex: a positron emission tomography study. Cereb Cortex 6:31-38

Owen AM, Iddon JL, Hodges JR et al (1997) Spatial and non-spatial working memory at different stages of Parkinson's disease. Neuropsychologia 35:519-532

Owen AM, James M, Leigh PN et al (1992) Fronto-striatal cognitive deficits at different stages of Parkinson's disease. Brain 115:1727-1751

Pahwa R, Paolo A, Troster A, Koller W (1998) Cognitive impairment in Parkinson's disease. Eur J Neurol 5:431-441

Pascual-Sedano B, Kulisevsky J, Barbanoj M et al (2008) Levodopa and executive performance in Parkinson's disease: a randomized study. J Int Neuropsychol Soc 14:832-841

Pickering SJ (2001) Cognitive approaches to the fractionation of visuo-spatial working memory. Cortex 37:457-473

Pillon B, Ertle S, Deweer B et al (1996) Memory for spatial location is affected in Parkinson's disease. Neuropsychologia 34:77-85

Postle BR, Locascio JJ, Corkin S, Growdon JH (1997) The time course of spatial and object learning in Parkinson's disease. Neuropsychologia 35:1413-1422

Ravnkilde B, Videbech P, Clemmensen K et al (2002) Cognitive deficits in major depression. Scand J Psychol 43:239-251

Reijnders JSAM, Ehrt U, Weber WEJ et al (2008) A Systematic Review of Prevalence Studies of Depression in Parkinson's Disease. Mov Disord 23:183-189

Ridley RM, Cummings RM, Leow-Dyke A, Baker HF (2006) Neglect of memory after dopaminergic lesions in monkeys. Behav Brain Res 166:253-262

Ring HA, Bench CJ, Trimble MR et al (1994) Depression in Parkinson's disease. A positron emission study. Br J Psychiatry 165:333-339

Rogers MA, Bradshaw JL, Pantelis C, Phillips JG (1998) Frontostriatal deficits in unipolar major depression. Brain Res Bull 47:297-310

Saarijärvi S, Salminem JK, Toikka TB (2001) Alexithymia and depression. A 1-year follow-up study in outpatients with major depression. J Psychosom Res 51:729-733

Santangelo G, Vitale C, Trojiano L et al (2009) Relationship between depression and cognitive dysfunction in Parkinson's disease without dementia. J Neurol 256:632-638

Schmitter-Edgecombe M, Woo E, Greeley DR (2009) Characterizing multiple memory deficits and their relation to everyday functioning in individuals with mild cognitive impairment. Neuropsychology 23:168-177

Siegert RJ, Harper DN, Cameron FB, Abernethy D (2002) Self-initiated versus externally cued reaction times in Parkinson's disease. J Clin Exp Neuropsychol 24:146-153

Siegert RJ, Weatherall M, Taylor KD, Abernethy DA et al (2008) A meta-analysis of performance on simple span and more complex working memory tasks in Parkinson's disease. Neuropsychology 22:450-461

Simons G, Pasqualini MC, Reddy V, Wood J (2004) Emotional and nonemotional facial expressions in people with Parkinson's disease. J Int Neuropsychol Soc 10:521-535

Spitzer C, Siebel-Jurges U, Barnow S et al (2005) Alexithymia and interpersonal problems. Psychother Psychosom 74:240-246

Sprengelmeyer R, Canavan AG, Lange HW, Homberg V (1995) Associative learning in degenerative neostriatal disorders: contrasts in explicit and implicit remembering between Parkinson's and Huntington's disease. Mov Disord 10:50-65

Starkstein SE, Mayberg H (1993) Depression in Parkinson's disease. In: Starkstein S, Robinson R (Eds) Depression in neurologic disease. John Hopkins University, Baltimore

Starkstein SE, Mayberg HS, Leiguarda R et al (1992) A prospective longitudinal study of depression, cognitive decline, and physical impairement in patients with Parkinson's disease. J Neurol Neurosurg Psychiatry 55:377-382

Starkstein SE, Preziosi TJ, Berthier ML et al (1989) Depression and cognitive impairment in Parkinson's disease. Brain 112:1141-1153

Stern D (1998) The process of therapeutic change involving implicit knowledge: some implications of developmental observations for adult psychotherapy. Infant Ment Health J 19:300-308

Stern Y, Marder K, Tang MX, Mayeux R (1993) Antecedent clinical features associated with dementia in Parkinson's disease. Neurology 43:1690-1692

Sternberg DE, JarviK ME (1976) Memory functions in depression. Arch Gen Psychiatry 33:219-224

Swainson R, Rogers RD, Sahakian BJ et al (2000) Probabilistic learning and reversal deficits in patients in patients with Parkinson's disease or frontal or temporal lobe lesions: possible adverse effects of dopaminergic medication. Neuropsychologia 38:596-612

Taylor AE, Saint-Cyr JA, Lang AE (1990) Memory and lerning in early Parkinson's disease: evidence for a "frontal lobe syndrome". Brain Cogn 13:211-232

Taylor GJ, Bagby RM, Parker JDA (1991) The alexithymia construct: a potential paradigm for psychosomatic medicine. Psychosomatics 32:153-164

Tessitore A, Hariri AR, Fera F et al (2002) Dopamine modulates the response of the human amygdala: a study in Parkinson's disease. Journal Neurosci 22:9099-9103

Torak RM, Morris JC (1988) The association of ventral tegmental area histopathology with adult dementia. Arch Neurol 45:211-218

Troisi E, Peppe A, Pierantozzi M et al (2002) Emotional processing in Parkinson's disease. A study using functional transcranial doppler sonography. J Neurol 249:993-1000

Troster AI, Stalp LD, Paolo AM et al (1995) Neuropsychological impairment in Parkinson's disease with and without depression. Arch Neurol 52:1164-1169

Troyer AM, Murphy KJ (2007) Memory for intentions in amnestic mild cognitive impairment: time- and event-based prospective memory. J Int Neuropsychol Soc 13: 365-369

Uekermann J, Daum I, Peters S et al (2003) Depressed mood and executive dysfunction in early Parkinson's disease. Acta Neurol Scand 107:341-348

Vriezen ER, Moscovitch M (1990) Memory for temporal order and conditional associative learning in patients with Parkinson's disease. Neuropsychologia 28:1283-1293

Wang X, Zhong P, Yan Z (2002) Dopamine D4 receptors modulate GABAergic signaling in pyramidal neurons of prefrontal cortex. J Neurosci 22:9185-9193

Weintraub D, Moberg PJ, Culbertson WC et al (2005) Dimensions of executive function in Parkinson's disease. Dement Geriatr Cogn Disord 20:140-144

Whittington CJ, Podd J, Stewart-Williams S (2006) Memory deficits in Parkinson's disease. J Clin Exp Neuropsychol 28:738-754

Wu T, Hallett M (2008) Neural correlates of dual task performance in patients with Parkinson's disease. J Neurol Neurosurg Psychiatry 79:760-766

Yeterian EH, Pandya DN (1991) Prefrontostriatal connections in relation to cortical architectonic organization in rhesus monkeys. J Compr Neurol 312:43-67

R. Perri, G.A. Carlesimo

4.1
Introduzione

Le malattie cerebrali su base degenerativa che si caratterizzano per il prevalente coinvolgimento del sistema extrapiramidale, sebbene generalmente contraddistinte dalle alterazioni motorie, sono spesso associate a disturbi cognitivi e comportamentali, fino a delinearsi in alcuni casi come vere e proprie sindromi demenziali. Le malattie principali di questo gruppo sono la malattia di Parkinson (MP), la paralisi sopranucleare progressiva (PSP), la malattia di Huntington (HD) e le atrofie multisistemiche che rappresentano forme più rare di disturbi extrapiramidali associati a declino cognitivo. Queste malattie colpiscono principalmente, ma non necessariamente in maniera esclusiva, le strutture sottocorticali dell'encefalo come i gangli della base, il talamo, i nuclei rostrali del troncoencefalo nonché le proiezioni di queste strutture alle aree corticali del lobo frontale e al sistema limbico. In queste patologie tuttavia i disturbi motori sono generalmente preminenti sia in termini di comparsa che di gravità rispetto ai deficit cognitivi che appaiono invece secondari e di accompagnamento alla patologia motoria. Diversamente, nella demenza a corpi di Lewy (DLB), in cui le lesioni neuropatologiche si distribuiscono diffusamente alle strutture sottocorticali e corticali dell'encefalo, i disturbi cognitivi e motori (oltre a peculiari disturbi comportamentali) rappresentano entrambi i sintomi cardinali della patologia (McKeith et al., 2004). Anche nella degenerazione corticobasale (CBD) si assiste all'associazione di una sintomatologia di origine sia corticale che sottocorticale; in questo caso però, il complesso quadro neuropsicologico e le particolari caratteristiche motorie la rendono un'entità clinico-patologica distinta dalle altre malattie dementigene con disturbi motori.

R. Perri (✉)
IRCCS Fondazione S. Lucia, Roma

Malattia di Parkinson e parkinsonismi. Alberto Costa, Carlo Caltagirone (a cura di)
© Springer-Verlag Italia 2009

4.2
La demenza sottocorticale

Il declino cognitivo che si osserva nel primo gruppo di patologie considerate (MP, PSP e HD) è contraddistinto dalla presenza di difficoltà a rievocare materiale appreso, rallentamento dei processi mentali (bradifrenia), ridotta capacità nel manipolare le conoscenze acquisite, cambiamenti di personalità e disturbi affettivi caratterizzati prevalentemente da depressione e apatia (Cummings e Benson, 1984). Le abilità elementari di linguaggio e calcolo e gli stessi processi di apprendimento appaiono sostanzialmente conservati, ma si assiste all'incapacità dell'uso spontaneo delle informazioni apprese, di elaborazione di nuove strategie e a ridotte capacità di introspezione (Cummings e Benson, 1984). Tale quadro cognitivo-comportamentale si differenzia dalle manifestazioni tipiche delle demenze degenerative corticali come la malattia di Alzheimer (AD) per l'assenza dei deficit strumentali della sfera afaso-agnoso-aprassica (presenti invece sin dalle prime fasi della demenza alzheimeriana) e per un più lieve declino intellettivo. La definizione di demenza sottocorticale, originariamente utilizzata da Albert et al. (1974) e da McHugh e Folstein (1975) per descrivere rispettivamente le modificazioni cognitivo-comportamentali della PSP e della HD e successivamente allargata al deterioramento cognitivo delle altre sindromi extrapiramidali, sottolinea il ruolo attribuito alla degenerazione delle strutture sottocorticali nella genesi dei deficit neuropsicologici di queste patologie. Le strutture sottocorticali del talamo, dei gangli della base e i nuclei rostrali del troncoencefalo svolgono infatti un'importante azione di regolazione in diversi ambiti comportamentali, quali vigilanza, attenzione, tono dell'umore e motivazione, e cognitivi, come linguaggio, capacità di astrazione e programmazione, apprendimento e abilità visuo-spaziali. La lesione di queste strutture ricche di proiezioni alla corteccia frontale e al sistema limbico, comporta quindi l'insorgenza di disturbi che, in molti casi, somigliano a quelli che si verificano nelle sindromi frontali (Cummings e Benson, 1984). Il declino cognitivo della demenza sottocorticale sarebbe perciò la conseguenza del depauperamento delle afferenze che dalle strutture sottocorticali proiettano alle aree corticali frontali e al sistema limbico e si contrappone alla demenza corticale, il cui prototipo è rappresentato dalla AD, in cui la presenza di deficit della memoria, del linguaggio, della prassia e della gnosia deriva dal diretto coinvolgimento delle aree corticali temporali, parietali e occipitali rispettivamente.

La contrapposizione fra demenza corticale e sottocorticale, se di indubbia validità clinica, non è tuttavia esente da critiche che riguardano innanzitutto la specificità del substrato neuroanatomico delle due forme di demenza. Numerose sono infatti le evidenze di patologia corticale in pazienti affetti da malattie a prevalente interessamento sottocorticale come la stessa PSP, prototipo delle demenze sottocorticali (Verny et al., 1996; Dickson et al., 2007), o nella malattia di HD, dove la rarefazione neuronale e i processi gliotici si estendono alla neocorteccia soprattutto frontale, o ancora nella MP, in cui in una percentuale variabile di pazienti con demenza si riscontrano, a livello della neocorteccia, alterazioni tipiche della AD. D'altronde, alterazioni neuropatologiche nel nucleo basale di Meynert, fonte della maggior parte delle afferenze colinergiche alla neocorteccia, sono presenti nella più classica delle demenze corticali, la AD.

Al di là delle possibili sovrapposizioni, la fondamentalmente diversa distribuzione delle lesioni neuropatologiche nelle due forme di demenza sembra tuttavia supportata dai diversi pattern di compromissione neuropsicologica riscontrabili nei gruppi di pazienti affetti da demenza corticale e demenza sottocorticale (Huber et al., 1986). In effetti, oltre alla diversità globale nei profili di compromissione cognitiva, dementi corticali e sottocorticali sarebbero differenziabili anche sulla base di una più sottile analisi qualitativa delle prestazioni in compiti di memoria e in test che valutano le funzioni esecutive (due ambiti compromessi in entrambe le sindromi demenziali). Come si vedrà in maggior dettaglio nella trattazione delle singole forme di demenza con disturbi extrapiramidali, diversi studi hanno ad esempio documentato che nel confronto con pazienti affetti da MP, HD, PSP con demenza di gravità paragonabile, pazienti AD presentano, oltre che prestazioni peggiori in compiti di memoria episodica, anche caratteristiche differenze qualitative da ascrivere ai diversi meccanismi causali del disturbo di memoria nelle due forme di demenza corticale e sottocorticale (Carlesimo et al., 1998; Salmon et al., 2007). Nel primo caso, infatti, i deficit di memoria sono correlati al diretto coinvolgimento delle aree ippocampali da parte dei processi degenerativi (strutture centrali per i processi di immagazzinamento e consolidamento di nuova informazione); nel secondo caso, invece, i deficit mnesici sono secondari alla degenerazione del sistema corticale prefrontale–sottocorticale che danneggia le abilità di recupero di tracce mnesiche altrimenti immagazzinate. Proprio sulla base di queste evidenze molti Autori ritengono che se anche da un punto di vista neuro-anatomico le etichette di demenza corticale e sottocorticale potrebbero essere non del tutto appropriate, il concetto da esse sotteso, cioè di rappresentare pattern sostanzialmente diversi di deterioramento cognitivo, sembra essere fondamentalmente valido.

Come accennato, tale schematizzazione non può essere invece applicata ad altre forme di demenza che si associano a malattia del sistema extrapiramidale come la DLB e la demenza corticobasale, malattie degenerative in cui il processo patologico coinvolge direttamente e ampiamente sia le strutture corticali dell'encefalo che quelle sottocorticali, con l'emergenza perciò di sintomi cognitivi e comportamentali derivanti dal danno diretto alle strutture corticali e secondarie alla degenerazione delle strutture sottocorticali.

Nelle prossime pagine verranno illustrate le caratteristiche cliniche principali e, più specificamente, le alterazioni cognitive di ciascuna malattia caratterizzata da demenza e disturbi extrapiramidali su base degenerativa. Verrà tralasciata la malattia extrapiramidale per eccellenza, il morbo di Parkinson idiopatico, oggetto principale della trattazione di questo libro, e verrà invece dato particolare rilievo alla PSP, prototipo delle forme di demenza sottocorticale, e alla DLB sia per la sua frequenza sia per le sue caratteristiche cliniche e neuropatologiche che la collocano a patologia di confine fra la AD e la MP. Saranno inoltre trattate la HD, che nella sua forma a esordio tardivo può causare problemi nella diagnosi differenziale, la CBD le cui caratteristiche cognitive e motorie sono peculiari, e più brevemente le MSA nelle quali i disturbi cognitivi sono di minore rilievo rispetto alla più grave compromissione motoria e vegetativa. Non verranno invece trattate altre forme di demenza con parkinsonismo, quali la demenza vascolare o l'idrocefalo normoteso (distinte dalle forme su base degenerativa sia per il meccanismo patogenetico che le sottende sia per il quadro clinico e cognitivo che le caratterizza). Si rimanda infine ad altri testi per la trattazione delle malattie su base metabolico-degenerativa, quali la malattia di Wilson, la malattia di Fahr o la malattia di Hallervoden-Spatz, che oltre ad essere patologie rare presentano peculiarità tali da renderle facilmente distinguibili dalle malattie degenerative propriamente dette.

4.2.1
Paralisi sopranucleare progressiva

La PSP è una malattia degenerativa idiopatica, a esordio dopo i 40 anni, caratterizzata da una sindrome extrapiramidale associata ad altri disturbi neurologici relativamente tipici. Il quadro clinico è caratterizzato da una rigidità assiale progressivamente ingravescente che può associarsi a distonia in estensione del collo, instabilità posturale, paralisi dello sguardo (soprattutto verticale) e precoci segni pseudobulbari (disartria, disfagia, disfonia). Ai sintomi neuromotori si associano disturbi del sonno e, nel 20-60% dei casi, una sindrome demenziale che è considerata il modello prototipico di demenza sottocorticale (Steele et al., 1964; Albert et al., 1974; Litvan et al., 1996). Il declino cognitivo di questi pazienti appare caratterizzato da un rallentamento generale dei processi di pensiero, da una ridotta capacità di sintesi e di astrazione, dalla difficoltà nella manipolazione delle conoscenze acquisite, da deficit di memoria e da disturbi comportamentali (soprattutto apatia, ma anche irritabilità e improvvisi scoppi d'ira), in assenza di afasia, agnosia e aprassia (Steele et al., 1964; Litvan et al., 1996). Le alterazioni neuropatologiche (perdita neuronale, gliosi e grovigli neurofibrillari) sono concentrate a livello del globo pallido, dei nuclei subtalamici e della sostanza nera, del nucleo rosso e dei nuclei rostrali del troncoencefalo (collicolo superiore, sostanza grigia periacqueduttale, nuclei oculomotori, locus coeruleus) (Hauw et al., 1994). La diagnosi neuropatologica è confermata dalla presenza di inclusioni tau-positive negli astrociti e oligodendrociti delle aree coinvolte e per questo è considerata una tauopatia sporadica. La corteccia cerebrale è gener   almente risparmiata, ma una lieve atrofia frontale e grovigli neurofibrillari a livello delle regioni perirolandiche sono di frequente riscontro (Dickson et al., 2007).

4.2.2
Memoria

Il disturbo di memoria nei pazienti con PSP descritto originariamente da Albert come "dimenticanza" (*forgetfulness*), si ritiene attualmente che consista in un deficit di recupero di informazioni piuttosto che in una vera e propria difficoltà nei processi di immagazzinamento dell'informazione stessa (Magherini e Litvan, 2005). Gli studi che hanno analizzato i diversi aspetti della memoria esplicita nei soggetti affetti da

PSP indicano infatti una sostanziale integrità della memoria a breve termine e delle abilità di riconoscimento a lungo termine, mentre a essere compromessa è la rievocazione differita di materiale studiato (Litvan et al., 1989; Litvan, 1994). Il pattern di memoria dei soggetti con PSP differisce da quello osservato nella AD e in altre patologie con diretto coinvolgimento delle strutture mesiali dei lobi temporali in cui si assiste alla compromissione sia delle capacità di rievocazione che di riconoscimento del materiale da ricordare. A conferma dell'esistenza di una dissociazione fra valido immagazzinamento e difettoso recupero di nuove informazioni, i soggetti con PSP, al contrario dei pazienti AD, traggono un elevato beneficio dalla presenza di cue semantici facilitanti la rievocazione del materiale studiato (Pillon et al., 1994; Dubois et al., 1996). La possibilità di avvalersi di facilitazioni esterne per il richiamo delle tracce mnesiche (come nei compiti di riconoscimento o per la presenza di facilitazioni semantiche) indica l'incapacità di questi pazienti di utilizzare spontaneamente le strategie adatte alla ricerca e alla rievocazione delle informazioni richieste. Tale incapacità è stata attribuita alla compromissione del sistema striato-frontale, tipico della PSP (Pillon et al., 1994). Il diverso profilo di prestazione nei compiti di memoria a rievocazione libera e facilitata nei pazienti AD e PSP si spiegherebbe proprio sulla base della diversa distribuzione delle lesioni neuropatologiche nelle due patologie: il diretto coinvolgimento delle strutture ippocampali da parte dei processi degenerativi nella AD comporta la perdita delle capacità di immagazzinamento e consolidamento di nuove informazioni (per cui esse non sono recuperabili neanche in condizioni facilitate); nei pazienti con PSP, invece, il risparmio delle strutture ippocampali permetterebbe un efficace immagazzinamento delle informazioni il cui successivo recupero sarebbe però reso deficitario dalla compromissione dei circuiti striato-frontali. Il deficit di memoria nei soggetti con PSP sarebbe quindi il risultato di un deficit primitivo delle funzioni attentive ed esecutive, che comporterebbero l'incapacità a costruirsi e a utilizzare spontaneamente una strategia di recupero delle informazioni apprese (Magherini e Litvan, 2005). Tale deficit ha più a che fare con una compromissione delle abilità sottese dai lobi frontali che con un'alterazione dei processi mnesici primari di pertinenza ippocampale.

4.2.3
Funzioni esecutive

Con il termine di funzioni esecutive si intende l'insieme di facoltà che permettono il ragionamento complesso, la risoluzione di problemi, l'ideazione di concetti e la pianificazione di azioni. Pazienti con deficit delle funzioni esecutive presentano una riduzione della flessibilità cognitiva (cioè della capacità di mutare strategie comportamentali per far fronte ai mutamenti di situazione), della capacità di astrazione (cioè dell'abilità di afferrare le caratteristiche essenziali di una situazione reale), della capacità di giudizio e critica e delle abilità di pianificazione e progettazione. Le abilità esecutive, il cui normale funzionamento richiede l'integrità della corteccia prefrontale, hanno in definitiva lo scopo di fornire regole e modalità all'intera attività cognitiva al fine di permettere scelte coerenti e decisioni proficue, evitando invece quelle che in prospettiva appaiono dannose o inutili (Faglioni, 1996). Già alla semplice osservazione clinica i pazienti con PSP mostrano una compromissione talmente grave della capacità di formulare concetti astratti, che tale sintomo è stato inserito fra i criteri di supporto alla diagnosi di malattia (Litvan et al, 1996). I diversi studi sperimentali che hanno analizzato le capacità esecutive dei pazienti con PSP hanno documentato difficoltà nell'interpretazione di proverbi e sinonimi (Albert et al., 1974; Cambier et al., 1985; Grafman et al., 1990), nel trovare il denominatore comune fra oggetti appartenenti alla stessa categoria semantica e a formulare strategie per risolvere problemi (Pillon et al., 1986; 1991; Grafman et al., 1990; Robbins et al., 1994), a ordinare storie nella corretta sequenza (Cambier et al., 1985; Grafman et al., 1990; Johnson et al., 1991) e a eseguire compiti di categorizzazione e *set-shifting* (Pillon et al., 1995). Di comune riscontro in questi pazienti è anche la tendenza a perseverare che si manifesta nell'incapacità a passare da un criterio di pensiero a un altro, di modificare strategie di comportamento per raggiungere un obiettivo o ad alternare due compiti (Grafman et al., 1990; Pillon et al., 1995). La tendenza a perseverare è evidente anche nell'esecuzione di più semplici prestazioni motorie in cui si devono eseguire serie alternate di movimenti o quando i pazienti proseguono in un applauso sebbene sia loro richiesto di battere le mani per non più di 3 volte (Dubois et al., 2000). Altri frequenti segni frontali osservati nei pazienti PSP sono comportamenti di utilizzazione, di prensione e di imitazione, dovuti all'incapacità di inibire comportamenti abituali o stereotipati suggeriti dall'ambiente indipendentemente dalla loro utilità (Dubois et al., 2000).

Gli studi che hanno confrontato i profili di compromissione cognitiva di pazienti con PSP e di pazienti affetti da AD, documentano come, a fronte di una maggiore compromissione in prove di apprendimento e rievocazione di informazioni tipica dei pazienti con AD, i pazienti con PSP presentano prestazioni decisamente peggiori nei compiti di tipo esecutivo (Pillon et al., 1986; Aarsland et al., 2003). Una più grave compromissione delle funzioni esecutive nei pazienti con PSP è stata evidenziata non solo nei confronti della AD, malattia degenerativa corticale che non interessa in maniera prevalente le strutture corticali frontali, ma anche rispetto ad altre malattie degenerative che coinvolgono le strutture sottocorticali e in alcuni casi la stessa corteccia frontale, come la MP, la MSA o la LBD (Margherini e Litvan, 2005). Robbins et al. (1994), ad esempio, hanno esaminato soggetti con MP e demenza, MSA e PSP (confrontabili per severità di disabilità clinica) per mezzo di una batteria di test neuropsicologici in grado di analizzare diversi aspetti delle funzioni cognitive sottese dai lobi frontali (memoria a breve termine, *working-memory* spaziale, *shifting* attentivo e capacità di pianificazione, differenziando in questo ultimo caso l'efficienza nella risoluzione dei problemi e la velocità di pensiero). Sebbene tutti e tre i gruppi di pazienti risultassero deficitari nello svolgimento di uno o più di questi compiti, era possibile evidenziare uno specifico pattern di compromissione per ognuno dei gruppi di pazienti considerati. In particolare, nei compiti di pianificazione e risoluzione di problemi, i soggetti con MP presentavano un rallentamento della velocità di pensiero necessaria a formulare la strategia da utilizzare, ma un'accuratezza e un tempo di esecuzione normali; soggetti con PSP oltre a essere rallentati nella velocità di pensiero erano deficitari nell'accuratezza e nel tempo di esecuzione; i soggetti con MSA, infine, mostravano un allungamento del solo tempo di esecuzione. Anche nelle prestazioni ai test di *working memory* spaziale e *shifting* attentivo si evidenziavano differenze qualitative e quantitative tra i gruppi: i pazienti con PSP apparivano particolarmente deficitari non solo nell'abilità di utilizzare strategie ma anche nella capacità di mantenere informazioni nella memoria di lavoro.

La sindrome disesecutiva nei pazienti con PSP è il risultato di una deafferentazione delle strutture corticali frontali, conseguenza del massiccio coinvolgimento dei gangli della base da parte del processo degenerativo. La perdita neuronale nel nucleo dentato, nel nucleo pallido e nella sostanza nera sono all'origine della disfunzione delle vie dentato-talamo, pallido-talamo e nigro-talamo-frontali che costituiscono le principali vie efferenti dai gangli della base verso la corteccia frontale (Pillon et al., 1994). È possibile, tuttavia, che l'entità dei disturbi frontali in questi pazienti sia da correlare anche a un diretto coinvolgimento delle aree corticali prefrontali da parte del processo degenerativo (Bigio et al., 1999). Studi recenti hanno infatti mostrato una correlazione fra grado di atrofia frontale e gravità dei sintomi disesecutivi nei pazienti con PSP (Cordato et al., 2002; Paviour et al., 2005). Kaat et al. (2007) hanno recentemente documentato come in alcuni pazienti la malattia sembra esordire con le alterazioni cognitive e comportamentali tipiche della sindrome frontale, cui solo successivamente si associano i disturbi motori, indice di un precoce coinvolgimento in questi soggetti delle vie striato-frontali o più probabilmente del diretto coinvolgimento delle strutture prefrontali sin dall'esordio della malattia.

4.2.4
Rallentamento cognitivo

Con il termine "bradifrenia", Albert ha originariamente descritto il rallentamento dei processi di pensiero la cui genesi, nei pazienti con PSP, sarebbe indipendente dal rallentamento motorio. Al fine di distinguere tra rallentamento motorio e cognitivo, Dubois et al. (1988) hanno utilizzato un paradigma in grado di discriminare fra tempo di processamento centrale e tempo di risposta motoria: utilizzando compiti cognitivi progressivamente più complessi ma richiedenti sempre la stesa risposta motoria, questi Autori hanno dimostrato il progressivo peggioramento delle prestazioni al crescere della complessità cognitiva del compito. Inoltre, mentre il deficit di prestazione appariva confrontabile nei soggetti con PSP e MP nei compiti cognitivamente più semplici, esso era più grave nei pazienti con PSP nei compiti cognitivamente più complessi. Altri Autori hanno tuttavia ipotizzato che l'aumentata latenza dei tempi di risposta nei pazienti con PSP fosse dovuta non solo all'allungamento del tempo di formulazione del pensiero prima di iniziare un'azione, ma anche a un rallentamento dei tempi di esecuzione dei movimenti (Robbins et al., 1994). In effetti, studi che hanno utilizzato la metodica dei potenziali evocati hanno documentato in pazienti con PSP, un allungamento non solo dei tempi necessari alle elaborazioni concettuali, ma anche di quelli relativi al processamento dei dati sensoriali necessari alla corretta pianificazione dei movimenti (Johnson, 1992). Secondo Margherini e Litvan (2005), infine, anche le turbe attentive, caratterizzate da un'elevata sensibilità agli stimoli interferenti e da difficoltà nello spostare l'attenzione, contribuiscono al rallentamento dei pazienti con PSP.

4.2.5
Linguaggio

Le capacità linguistiche di base sono generalmente ben preservate nei pazienti con PSP e questo rappresenta una caratteristica distintiva rispetto alla AD. Tuttavia, pazienti con PSP hanno difficoltà a iniziare un discorso e a mantenere un'adeguata fluenza nella produzione frasale, manifestando in tal modo una sorta di afasia dinamica, caratterizzata da riduzione del linguaggio spontaneo e propositivo, impoverimento del contenuto del discorso, tendenza alle perseverazioni e, nei casi estremi, mutacismo. Questi pazienti raramente iniziano una conversazione e sono generalmente incapaci di fornire la narrazione adeguata di un evento; tuttavia possono rispondere a domande dirette e possono descrivere una scena complessa, anche se generalmente in modo telegrafico e solo dopo lunghe pause. L'impoverimento del linguaggio spontaneo avviene in presenza di capacità linguistiche di base come la denominazione, la ripetizione, la comprensione e la lettura sostanzialmente intatte (Esmonde et al., 1996; Robinson et al., 2006). Caratteristicamente questi pazienti sono deficitari in compiti di fluidità verbale sia fonologica (compito in cui si chiede ai pazienti di generare in un minuto il maggior numero possibile di parole che iniziano per una determinata lettera), che categoriale (quando cioè viene richiesto di generare parole appartenenti a una determinata categoria semantica come animali, frutta o colori), tanto che la ridotta fluenza verbale è inserita fra i criteri di supporto alla diagnosi di PSP (Litvan et al., 1996). Diversi studi hanno documentato che i pazienti con PSP ottengono prestazioni persino peggiori di quelle di pazienti con AD nei compiti di fluidità verbale fonologica, mentre appaiono compromessi a un livello paragonabile a questi pazienti nei compiti di fluidità categoriale (Pillon et al., 1986; Rosser e Hodges, 1994). Tuttavia, i pazienti con PSP sono in grado di migliorare le loro prestazioni ai compiti di fluidità verbale quando siano loro fornite delle facilitazioni esterne; questo rende il comportamento dei pazienti con PSP simile a quello di altri gruppi di pazienti con patologie sottocorticali, quali la MP e la HD, ma diverso dai pazienti con AD, nei quali la disponibilità di cue facilitatori non risulta in un miglioramento delle prestazioni (Rosser e Hodges, 1994; Esmonde et al., 1996.). Secondo Rosser e Hodges (1994), meccanismi diversi sarebbero alla base del deficit esibito dai pazienti AD e dai pazienti con demenza sottocorticale nei compiti di fluidità verbale. Mentre nei primi le prestazioni deficitarie sarebbero da ascrivere al depauperamento della memoria semantica (da cui le prestazioni relativamente migliori ai compiti di fluidità fonologica rispetto a quelle di fluidità categoriale e lo scarso beneficio apportato dalle facilitazioni esterne), nei dementi sottocorticali esse sarebbero espressione di un deficit di tipo esecutivo che comporterebbe un accesso difficoltoso a un patrimonio semantico peraltro conservato (da cui un livello paragonabile di prestazione nei compiti di fluidità verbale fonologica e categoriale e l'evidente beneficio prodotto da facilitazioni esterne). Nei pazienti con AD il deficit sarebbe perciò da ascrivere al diretto coinvolgimento, da parte della patologia degenerativa, delle aree neocorticali temporali (il più importante substrato neurale della memoria semantica), mentre nei pazienti con demenza sottocorticale il danno ai circuiti striato-frontali sarebbe alla base dei deficit di recupero delle informazioni semantiche.

In conclusione, anche l'afasia dinamica nei pazienti con PSP appare un disturbo di origine frontale; nel contesto di una più grande sindrome disesecutiva, questi pazienti presentano un difetto di pianificazione verbale per cui verrebbero meno non solo le strategie utili a generare le singole parole, ma anche i messaggi principali da veicolare in un discorso. Il deficit attenzionale produrrebbe, inoltre, la difficoltà a focalizzare e successivamente spostare l'attenzione dagli specifici contenuti che via via devono essere comunicati, come dimostrato dalla tendenza alla perseverazione durante i dialoghi di questi pazienti (Robinson et al., 2006).

4.2.6
Prassia

L'aprassia comprende un ampio spettro di disturbi che hanno in comune l'incapacità di compiere gesti precedentemente appresi, non spiegabile sulla base di disturbi elementari di senso o di moto o di comprensione del linguaggio. L'aprassia si può manifestare come incapacità di produrre movimenti corretti in risposta a un comando verbale o come difficoltà di imitare un movimento eseguito dall'esaminatore o, ancora, come incapacità di produrre movimenti finalizzati all'uso e alla manipolazione di un oggetto. Schematicamente vengono distinte l'aprassia ideatoria e l'aprassia ideomotoria. Nella prima viene meno la conoscenza astratta dell'azione mentre nella seconda è compromessa la componente esecutiva che trasla l'informazione astratta in programma d'azione. Le abilità prassiche sono sottese da differenti circuiti neuronali che lavorano in parallelo quali il sistema parieto-frontale e fronto-striatale (Leiguarda e Marsden, 2000). Poiché sia le aree della corteccia motoria e premotoria che le aree parietali proiettano ai gangli della base, è plausibile ipotizzare che i gangli della base siano coinvolti nella trasformazione dei piani d'azione in atti motori. Di conseguenza, una disfunzione dei gangli della base può far emergere errori di tipo aprassico, sebbene una sindrome aprassica completa richieda molto probabilmente il coinvolgimento patologico anche delle aree corticali.

Tali considerazioni sono in grado di spiegare perché errori di tipo aprassico possano essere presenti nella PSP, sebbene una vera sindrome aprassica sia generalmente assente nelle fasi sia iniziali che tardive della malattia. In effetti quando una sindrome aprassica sia presente si dovrebbe considerare l'ipotesi diagnostica di una demenza corticobasale (Litvan et al., 1997). Uno studio che ha esaminato in dettaglio gli errori di tipo aprassico dei pazienti con PSP (Leiguarda et al., 1997) ha mostrato come questi pazienti abbiano una compromissione prevalente nell'esecuzione di azioni transitive (cioè dei gesti per l'uso di oggetti) rispetto ai gesti intransitivi, e non mostrano difficoltà nell'interpretazione del significato dei gesti; tale pattern di compromissione appare correlato alla disconnessione fra i gangli della base e i circuiti premotori piuttosto che a una disfunzione della corteccia parietale dove sarebbe localizzata la "mappa semantica" dei gesti (Magherini e Litvan, 2005). La prevalente compromissione nei compiti di prassia ideomotoria rispetto ai compiti di prassia ideatoria si pone in contrasto con quanto avviene nella CBD, dove per il diretto coinvolgimento delle aree parietali si osservano comunemente entrambi i tipi di aprassia; il diverso comportamento nei compiti di prassia ideatoria è stato proposto

4

da alcuni Autori come una delle caratteristiche utili alla diagnosi differenziale fra PSP e CBD (Pharr et al., 2001).

4.2.7
Attenzione e abilità visuo-spaziali

Attenzione e abilità visuo-spaziali sarebbero costantemente compromesse in pazienti con PSP. Non è tuttavia chiaro quanto il deficit nell'orientamento visivo dell'attenzione sia dovuto alla compromissione di una funzione sopramodale o quanto invece esso sia secondario ai deficit oculomotori caratteristici della malattia. Ad esempio, Bak et al. (2006) hanno documentato prestazioni deficitarie dei pazienti con PSP in compiti che richiedevano un'esplorazione spaziale e un frequente *shifting* attentivo sul piano verticale, ma non in compiti meno dipendenti dalle abilità di *scanning* visivo. I disturbi dell'orientamento visivo in pazienti con PSP possono essere talmente gravi da manifestarsi non solo come deficit di esplorazione visuospaziale, ma anche come difficoltà a inibire l'orientamento visivo quando tale orientamento risulti svantaggioso. Questo comportamento, detto di *visual grasping*, è dovuto all'incapacità di distogliere l'attenzione visiva da uno specifico oggetto presente nel campo recettoriale e si manifesta, per esempio, con continui movimenti della testa all'indietro verso un oggetto mentre il soggetto cammina (Magherini e Litvan, 2005).

Le difficoltà dei pazienti con PSP a orientare l'attenzione visiva nel piano verticale dello spazio sarebbe dovuta alla degenerazione del collicolo superiore e dell'adiacente nucleo tettale che costituiscono una via retino-tettale fondamentale per la regolazione dell'attenzione e del comportamento guidati dalla visione (Rafal, 1992; Rafal e Posner, 1998).

4.3
Malattia di Huntington

La malattia di Huntington è una malattia ereditaria a trasmissione autosomica dominante, causata da un'abnorme replicazione di triplette (citosina-adenosina-guanina) in un locus definito del cromosoma 4 e clinicamente caratterizzata da movimenti involontari coreici ad andamento progressivamente ingravescente, disturbi comportamentali e declino cognitivo. L'età di esordio è generalmente fra i 30 e i 50 anni, sebbene forme a esordio tardivo possano essere osservate anche dopo i 50 anni. In tal caso la malattia assume un andamento meno caratteristico con una progressione più lenta dei disturbi motori e un decadimento cognitivo più tardivo e meno disabilitante. Dal punto di vista neuropatologico, la malattia è caratterizzata da una degenerazione neuronale, inizialmente localizzata a livello del nucleo caudato e del putamen, che successivamente diffonde a coinvolgere la corteccia frontale e altre aree extrastriatali comportando un'importante alterazione dei circuiti fronto-sottocorticali (Andrews e Brooks, 1998; Bartzokis et al., 1999). Alcuni studi hanno tuttavia evidenziato anche un precoce interessamento corticale a livello delle regioni parietali (Andrews e Brooks, 1998; Thieben et al., 2002; Ho et al., 2004). Dal punto di vista neuropsicologico, si osservano precoci alterazioni visuopercettive, dell'attenzione, delle funzioni esecutive e della memoria. La progressione dei deficit cognitivi varia a seconda delle fasi di malattia, con alcuni sintomi che presentano un inizio insidioso e una graduale progressione e altri che compaiono in maniera più repentina e tendono ad aggravarsi con un andamento a scalini. È interessante notare come sottili cambiamenti nelle prestazioni psicomotorie in soggetti portatori della mutazione per la malattia possano essere rilevati già anni prima del suo esordio clinico, andando incontro nel corso degli anni a un costante declino (Snowden et al., 2002; Ho et al., 2003; Lemiere et al., 2002; 2004). Altri deficit cognitivi, come ad esempio quelli mnesici, appaiono invece in più stretta relazione temporale con l'esordio clinico della malattia, rimanendo stabili anche per lunghi periodi di tempo per poi aggravarsi nelle fasi più tardive della malattia (Snowden et al., 2002; Ho et al., 2003).

4.3.1
Memoria

I disturbi di memoria sono preminenti nelle fasi iniziali della malattia (Montoya et al., 2006a). Una meta-analisi su 36 studi pubblicati ha documentato, nei pazienti con HD, una prevalente difficoltà di rievocazione differita accanto a un sostanziale risparmio delle capacità di riconoscimento del materiale studiato (Zakzanis, 1998). Tale profilo di deficit mnesico sarebbe da ricondurre al deterioramento delle connessioni sottocorticali fra il nucleo striato e la corteccia prefrontale che, analogamente alle altre forme di demenza sottocorticale, renderebbe particolarmente deficitario il recupero di informazioni altrimenti immagazzinate (per il risparmio delle strutture ippocampali) (Zakzanis, 1998; Tekin e Cummings, 2002). Tuttavia, diversi studi hanno documentato, in pazienti con HD, anche chiari deficit nei compiti di riconoscimento (Beatty e Butters, 1986; Caine et al., 1986; Beatty et al., 1988; Heindel et al., 1989) che in alcuni casi sarebbero di gravità uguale se non maggiore alle difficoltà di rievocazione (Lang et al., 2000). In effetti, una più recente metanalisi ha evidenziato come nelle fasi iniziali di malattia i problemi di rievocazione appaiano più gravi di quelli di riconoscimento che diventano invece deficitari solo nelle fasi più avanzate, contemporaneamente alla scomparsa dell'effetto di facilitazione esercitato dall'uso di cue semantici nel recupero delle informazioni (Montoya et al., 2006a). Il progressivo deteriorarsi delle abilità di recupero delle informazioni anche in condizioni di facilitazione, secondo gli Autori della metanalisi, è da ricondurre all'aggravarsi del danno prefrontale con la diffusione della patologia degenerativa dalle strutture sottocorticali alle aree corticali prefrontali. La progressiva riduzione dell'efficienza dei processi cognitivi supportati dalle aree prefrontali nelle abilità di recupero mnesico interferirebbe dapprima con le strategie di codifica profonda e di recupero delle informazioni e, solo successivamente, la maggiore sensibilità al materiale interferente (così come l'incapacità di inibire le risposte) e un peggioramento delle stesse strategie di recupero dell'informazione, comporterebbero la comparsa anche dei deficit di riconoscimento (Montoya et al., 2006a).

4.3.2
Funzioni esecutive

Virtualmente tutti i test che valutano le funzioni attentive ed esecutive risultano compromessi nei pazienti con HD. Diversi studi longitudinali hanno documentato come le funzioni esecutive mostrino un declino progressivo durante tutto il corso della malattia, sin dalle fasi più precoci; prestazioni lievemente compromesse sono state osservate persino nei soggetti portatori della mutazione che non hanno ancora sviluppato clinicamente la malattia (Ho et al., 2003; Lemiere et al., 2002; 2004). Particolarmente precoce è la riduzione di prestazioni a quei compiti in cui sia il processamento cognitivo che le abilità motorie sono coinvolte per l'ottenimento di una prestazione rapida e accurata. Ad esempio, un test come il *Trail Making* (in grado di valutare sia le capacità di *shifting* cognitivo che le abilità psicomotorie), è fra i più sensibili alle modificazioni cognitive della HD sin dalle primissime fasi di malattia e ha dimostrato anche una particolare sensibilità nel registrare la progressione dei deficit esecutivi nel corso della malattia (Ho et al., 2003). Tuttavia, anche test privi di una significativa componente motoria, come lo *Stroop test*, hanno dimostrato di essere estremamente sensibili al danno esecutivo nei pazienti con HD sin dalle fasi iniziali di malattia e di essere in grado di rilevarne il progressivo deterioramento (Snowden et al., 2002). Con il progredire della malattia, si evidenziano deficit anche in compiti che richiedono capacità di pianificazione, di categorizzazione, di *problem-solving*, di flessibilità e di resistenza alle interferenze (Ho et al., 2003; Montoya et al., 2006a). Anche i disturbi della memoria a breve termine e di lavoro, che si verificano nelle fasi più avanzate della malattia, sarebbero da attribuire all'aggravarsi dei deficit attentivi ed esecutivi (Zakzanis et al., 1998; Ho et al., 2003).

4.3.3
Abilità visuopercettive

Le abilità di integrazione ed elaborazione visuo-spaziale, come le capacità di orientamento nello spazio personale ed extra-personale o di manipolazione spaziale, vengono progressivamente coinvolte nel decorso della malattia (Montoya et al., 2006b). Un recente lavoro (Finke et al., 2007) ha inoltre evidenziato che i soggetti con HD soffrono di un deficit nella percezione di oggetti presentati simultaneamente; tale deficit, la cui genesi va ricondotta a un rallentamento della velocità di processamento visuospaziale e a una ridotta capacità di mantenimento delle informazioni nella memoria di lavoro, può in alcuni casi delineare il quadro di una simultanagnosia (cioè l'incapacità di integrare i diversi elementi che compongono una scena al fine di derivarne un'interpretazione globale, nonostante la possibilità di riconoscerne le singole componenti).

4.4
Atrofia multisistemica

L'atrofia multisistemica è una malattia neurodegenerativa sporadica che include, in diverse combinazioni, disturbi extrapiramidali (acinesia e rigidità, instabilità posturale, tremore a riposo), cerebellari (atassia dello sguardo e degli arti, nistagmo, tremore intenzionale), segni piramidali e insufficienza autonomica (ipotensione posturale e ortostatica, disfunzioni urinarie e sessuali). Le lesioni neuropatologiche (perdita neuronale, gliosi, inclusioni argirofile intracitoplasmatiche sia nella glia che nei neuroni, demielinizzazione) si distribuiscono ai gangli della base, al cervelletto, al tronco dell'encefalo e al midollo spinale. Le caratteristiche inclusioni citoplasmatiche delle cellule oligodendrogliali e neuronali (soprattutto della sostanza nera) presentano al loro interno α-sinucleina, una proteina presente nel cervello umano a livello presinaptico e rilevata nei corpi di Lewy sia della DLB che delle MP, suggerendo un'associazione fra queste entità nosologiche (Wakabayashi et al., 1997; 1998). I criteri diagnostici (Wenning et al., 2004) suggeriscono di distinguere i pazienti a seconda che abbiano una prevalenza di disturbi extrapiramidali o cerebellari. Il declino cognitivo in questi pazienti non appare una caratteristica dominante della malattia (la demenza è di fatto un criterio di esclusione per la diagnosi di MSA) e tende a rimanere lieve durante la sua progressione, sebbene diversi studi abbiano documentato in questi pazienti deficit in compiti di memoria, apprendimento e riconoscimento (Berent et al., 2002), e in compiti sensibili al danno frontale (Robbins et al., 1994; Pillon et al., 1995). La compromissione delle funzioni esecutive nei pazienti con MSA risulta più grave rispetto a quella riscontrata nei soggetti affetti da MP (Meco et al., 1996; Soliveri et al., 2000). Discordanti sono invece i dati relativi alla compromissione delle abilità visuo-spaziali presente secondo alcuni Autori (Kawai et al., 2008), ma non secondo altri (Bak et al., 2006). Uno studio recente di Kawai et al. (2008) mostra delle differenze nel profilo di compromissione cognitiva fra pazienti MSA con prevalenti disturbi extrapiramidali e pazienti con prevalenti disturbi cerebellari: mentre i primi presentano un più ampio declino cognitivo con alterazioni visuo-spaziali e visuocostruttive, deficit di fluidità verbale e una grave sindrome disesecutiva, i secondi presentano deficit per lo più limitati alle funzioni visuo-spaziali e visuocostruttive. Le differenze sarebbero legate al più grave coinvolgimento della corteccia frontale e delle regioni dorsolaterali prefrontali nei soggetti con parkinsonismo a fronte di un coinvolgimento dei circuiti cerebello-corticali nei soggetti con sintomi cerebellari.

4.5
Demenza con i corpi di Lewy

Inizialmente considerata una forma rara di demenza, attualmente si ritiene la seconda causa di demenza degenerativa nella popolazione anziana (10-15% dei casi che giungono all'esame autoptico (McKeith et al., 2004). Nella pratica clinica appare tuttavia spesso sotto-diagnosticata sia per la difficoltà, da parte del clinico, di obiettivare alcuni sintomi centrali della malattia quali le fluttuazioni cognitive (Lippa e McKeith, 2003), sia per la variabilità della presentazione clinica che spesso si sovrappone ad altri quadri degenerativi, come la AD e il MP, con cui condivide parte delle caratteristiche neuropatologiche. Particolarmente simili, sul piano delle caratteristiche cliniche, sono i quadri di dissoluzione demenziale che si associano alla demenza con i corpi di Lewy (DLB) e al MP. Allo scopo di distinguere le due forme, un'arbitraria regola temporale prevede che la comparsa di demenza entro 12 mesi dall'esordio di sintomi di parkinsonismo sia indicativa di DLB mentre una durata maggiore di 12 mesi fra l'inizio del parkinsonismo e la comparsa di demenza qualifica la sindrome come MP con demenza (Lippa et al., 2007).

La complessità clinica della patologia ha un riscontro nella complessità della sua neuropatologia. Caratteristica istopatologica centrale della DLB è la presenza delle inclusioni neuronali definite come corpi di Lewy, composte da proteine dei neurofilamenti fosforilate in maniera anomala e aggregate con ubiquitina e α-sinucleina (il componente principale). Mentre nella MP i corpi di Lewy e la perdita neuronale sono localizzati nei nuclei troncoencefalici e particolarmente nella sostanza nera, nella DLB sono diffusi a livello della amigdala, delle strutture paralimbiche e della neocorteccia (McKeith, 2002). Nella maggioranza dei casi (oltre il 70% secondo Lippa e McKeith, 2003), sono anche presenti le lesioni neuropatologiche tipiche della malattia di Alzheimer, placche senili e grovigli neurofibrillari che in molti casi raggiungono densità e distribuzione tali da permettere una concomitante diagnosi di AD (McKeith et al., 2004). Quest'ultima non rara condizione, anche detta *variante Lewy Body* della malattia di Alzheimer, si riscontrerebbe in circa il 25% dei soggetti con demenza (Salmon et al., 1996). L'addizionale patologia alzheimeriana influenza la presentazione clinica della patologia dementigena: pazienti con pochi grovigli neurofibrillari presentano molte caratteristiche cliniche centrali della DLB, mentre quelli con più grovigli mostrano pattern clinici più simili alla malattia di Alzheimer (McKeith et al., 2004). La localizzazione delle lesioni neuropatologiche sia a livello del troncoencefalo che della neocorteccia rende ragione di una sintomatologia clinica ampia e articolata che comprende deficit cognitivi, disturbi comportamentali, alterazioni motorie, disturbi del sonno e vegetativi. Sebbene la demenza sia il sintomo d'esordio nella grande maggioranza dei pazienti, alcuni possono esordire con un parkinsonismo, con disturbi psichiatrici, con sintomi di ipotensione ortostatica o, infine, con disturbi transitori di coscienza (McKeith, 2002). Obbligatorio per la diagnosi è comunque il riscontro di un progressivo declino cognitivo di gravità tale da interferire con l'esecuzione delle attività della vita quotidiana. Criteri essenziali per la diagnosi sono anche la presenza di fluttuazioni cognitive (caratterizzate da variazioni nello stato di vigilanza e attenzione da un giorno all'altro e, a volte, anche all'interno della stessa giornata) e le allucinazioni visive generalmente ben strutturate e dettagliate. Oltre il 70% dei pazienti presenta parkinsonismo che generalmente, ma non sistematicamente, insorge a breve distanza dall'inizio dei disturbi cognitivi (ma fra la comparsa dei due sintomi possono passare periodi di tempo anche di anni). Sono frequenti anche i disturbi del sonno, le cadute ricorrenti, gli episodi sincopali, la depressione e i disturbi vegetativi (McKeith et al., 2005).

4.5.1
Memoria

Sebbene il deficit di memoria non sia ritenuto la caratteristica centrale del declino cognitivo nei pazienti con DLB, le abilità di memoria risultano, nel confronto con soggetti sani, costantemente deficitarie (Salmon et al., 1996). Nei fatti, la compromissione di alcuni aspetti della memoria, come la rievocazione immediata e differita di nuove informazioni, possono raggiungere un livello di gravità confrontabile a quello di pazienti AD affetti da demenza di grado paragonabile (Hamilton et al., 2004). L'analisi delle prestazioni a test di memoria in pazienti con verifica istopatologica di DLB ha documentato che l'entità del disturbo diviene via via più grave passando da pazienti affetti dalla forma pura di DLB a pazienti che presentano una quota di lesioni tipiche della AD fino a raggiungere il massimo grado di severità nei pazienti con prevalenza di lesioni neuropatologiche tipiche della AD (McKeith et al., 2005). In ogni caso, gli studi che hanno condotto analisi qualitative del pattern di compromissione neuropsicologica hanno documentato che il deficit di memoria in pazienti affetti da DLB può essere distinto da quello di soggetti affetti da AD pura per alcuni aspetti. Infatti, mentre i pazienti AD presentano una vera sindrome amnesica caratterizzata da deficit sia nell'apprendimento che nella rievocazione di nuove informazioni, da un rapido oblio e da scarse prestazioni anche in compiti di riconoscimento, i soggetti affetti da DLB, pur presentando iniziali difficoltà di apprendimento e di rievocazione libera del materiale da ricordare, mostrano tuttavia una migliore conservazione delle tracce mnesiche nel tempo e le loro prestazioni migliorano considerevolmente in compiti di riconoscimento. Queste differenze inducono a credere che un difetto nel recupero intenzionale delle tracce mnesiche rappresenti il problema centrale nei pazienti con DLB (Ballard et al., 1996; Salmon et al., 1996; Connor et al., 1998; Heyman et al., 1999; Calderon et al., 2001; Hamilton et al., 2004). È stato anche suggerito che parte delle differenze nel profilo di compromissione mnesica nei pazienti affetti da DLB e AD possa essere attribuita alla difettosa codifica dell'informazione da immagazzinare che sarebbe talmente superficiale da impedire la rievocazione libera dell'informazione in entrambi i gruppi di pazienti, ma sufficientemente approfondita nei pazienti con DLB da permetterne una rievocazione assistita come nei compiti di riconoscimento. Hamilton et al. (2004) hanno infatti documentato che in pazienti DLB l'utilizzo di una strategia di apprendimento (basata sulle associazioni semantiche) è ridotto rispetto ai soggetti normali, ma migliore rispetto ai pazienti con AD. Secondo gli Autori di questi studi, le differenze sia quantitative che qualitative del deficit di memoria di pazienti con DLB rispetto ai pazienti alzheimeriani è da mettere in relazione al minor coinvolgimento delle strutture ippocampali e all'interessamento dei nuclei sottocorticali che proiettano alle aree prefrontali.

4.5.2
Abilità visuopercettive

Numerosi studi hanno documentato un precoce e importante deficit visuopercettivo nei pazienti con DLB che altera la percezione sia degli oggetti che delle relazioni spaziali. Gli studi che hanno confrontato le prestazioni di pazienti con DLB e AD in compiti di copia di disegni e nel disegno a memoria, hanno riscontrato prestazioni confrontabili fra i due gruppi nel disegno a memoria, ma prestazioni peggiori dei soggetti con DLB nella copia. Questo pattern sarebbe indicativo di un deficit primario di memoria nei pazienti AD e di un deficit di tipo visuopercettivo nei pazienti DLB (vedi per una recente revisione Metzler-Baddeley, 2007). A differenza dei pazienti con AD, i deficit visuopercettivi dei soggetti con DLB sono evidenziabili in compiti percettivi elementari di discriminazione visiva, di percezione di forme e oggetti e di percezione spaziale (Mosimann et al., 2004) e coinvolgono anche le fasi più precoci della elaborazione visiva, come evidenziato dalle difficoltà di questi pazienti in compiti di discriminazione di lettere frammentate (Calderon et al., 2001; Lambon-Ralph et al., 2001).

Il precoce e grave coinvolgimento delle abilità visuopercettive nella DLB è da mettere in relazione con le alterazioni metaboliche nelle aree della corteccia visiva sia primaria che associativa dei lobi occipitali, evidenziate dagli studi con tomografia a emissione di positroni (Colloby et al., 2002). La ridotta attività metabolica nei lobi occipitali in questi pazienti sarebbe da ricondurre ad alterazioni neuropatologiche dirette delle strutture corticali (Higuchi et al., 2000) e a un marcato deficit colinergico che nella DLB colpisce in maniera prevalente le regioni occipitali e temporali (Perry et al., 1994). Il fatto che questi pazienti mostrino alterazioni sia dei processi deputati al riconoscimento visivo degli oggetti, mediati dalle regioni ventrali dei lobi occipitale e temporale (*ventral stream*), sia dei processi per la localizzazione nello spazio degli oggetti, mediati dalle regioni dorsali dei lobi occipitale e parietale (*dorsal stream*), ha fatto ipotizzare che il danno alla base di tali deficit si estenda dalle aree occipitali a quelle temporali e parietali (Cormack et al., 2004).

4.5.3
Attenzione e funzioni esecutive

Con il termine di attenzione ci si riferisce a un complesso di abilità neurocognitive coinvolte nel processamento e nella risposta a stimoli esterni, che vanno da processi automatici di orientamento visivo fino a processi di controllo di alto livello (attenzione selettiva, sostenuta e divisa). Deficit attentivi si ritiene siano una caratteristica preminente e distintiva dei pazienti con DLB, presumibilmente coinvolti nella genesi di altri disturbi neurocognitivi quali la tendenza alle fluttuazioni di coscienza e lo sviluppo delle allucinazioni visive. Le diverse componenti in cui si articola la funzione attentiva sono sottese da un network di aree anteriori e posteriori (Posner e Petersen, 1990; Metzler-Baddeley, 2007) che risultano essere variamente coinvolte dal processo patologico della DLB. In particolare, una delle regioni implicate nella modulazione dell'attenzione e dello stato di coscienza è il sistema dei nuclei basali che fornisce la maggiore innervazione colinergica alla corteccia, soprattutto prefrontale e parietale, e a strutture sottocorticali quali il talamo. Secondo alcuni Autori, le alterazioni attentive e le fluttuazioni della coscienza tipiche di questa malattia sarebbero da mettere in relazione alla deplezione colinergica conseguente al depauperamento neuronale dei nuclei basali (Lemstra et al., 2003). Critiche per le fluttuazioni attenzionali nei pazienti con DLB sarebbero anche le alterazioni a livello della corteccia frontale e del cingolo, coinvolti nella regolazione degli aspetti esecutivi dell'attenzione quali, per l'attenzione selettiva, la soppressione degli stimoli irrilevanti o, per l'attenzione divisa, la capacità di *shifting*. Infine, il coinvolgimento patologico delle aree occipito-temporali e occipito-parietali sarebbe alla base dei disturbi attentivi più automatici, quali l'orientamento visivo e i processi di ancoraggio e disancoraggio attentivo. Diversi sono gli studi che hanno mostrato come nei pazienti con DLB tutte le abilità attentive possono essere coinvolte compromettendo la velocità di processamento degli stimoli, la capacità di mantenere l'attenzione focalizzata e lo *shifting* attentivo (Bradshaw et al., 2006). Questi pazienti presentano inoltre una ridotta persistenza della vigilanza, risultano più facilmente distraibili dagli stimoli interferenti e presentano alcuni aspetti della sindrome disesecutiva mediati dai deficit attentivi, quali incoerenza del pensiero, confabulazioni, perseverazioni (Doubleday et al., 2002). I disturbi dell'attenzione nei pazienti con DLB sarebbero particolarmente evidenti nei compiti visivi (Cormack et al., 2004), probabilmente esacerbati dai deficit visuopercettivi (Perriol et al., 2005), ma sono anche evidenti in compiti di tipo verbale (Metzler-Baddeley, 2007). A conferma della pervasività del disturbo attentivo nella DLB, diversi studi hanno rilevato in questi pazienti una compromissione più grave e più estesa delle diverse componenti dell'attenzione rispetto ai malati di AD (Calderon et al., 2001; Metzler-Baddeley, 2007).

4.5.4
Demenza con corpi di Lewy e Parkinson Demenza a confronto

I disturbi cognitivi che in genere accompagnano la MP rimangono tali per anni prima che si aggravino tanto da configurare eventualmente il quadro di una sindrome demenziale (PDD). Viceversa, i disturbi cognitivi rappresentano tipicamente l'esordio di una demenza a DLB. Difficoltà diagnostiche possono insorgere quando l'ordine temporale di esordio dei sintomi motori e cognitivi non è così definito da consentire una facile distinzione tra i quadri della DLB e della PDD. Le due malattie, infatti, condividono molti dei sintomi di accompagnamento alla sintomatologia cognitiva e motoria quali i disturbi psichiatrici, vegetativi e del sonno, le fluttuazioni cognitive e la ipersensibilità ai neurolettici. Anche i profili neuropsicologici, nelle due forme, hanno in comune molte caratteristiche di base quali i prevalenti disturbi attentivi e delle funzioni esecutive nonché i disturbi visuo-spaziali e di recupero delle informazioni immagazzinate nella memoria a lungo termine (Lippa et al., 2007). Gli studi che hanno messo a confronto le prestazioni in compiti cognitivi di soggetti affetti da LBD e PDD paragonabili per gravità di demenza hanno generalmente documentato pattern simili di compromissione neuropsicologica (Mosimann et al., 2004; Noe et al., 2004), talora con una tendenza a una più grave compromissione in compiti attentivi nei soggetti con DLB (Lippa et al., 2007; Mondon et al., 2007). Uno studio recente ha tuttavia documentato un diverso pattern di compromissione di memoria nei pazienti affetti dalle due patologie. In questo studio i pazienti con DLB ottenevano prestazioni paragonabili a quelle dei pazienti con PDD in compiti di rievocazione libera e facilitata di materiale verbale e visivo (rievocazione libera); in un compito di riconoscimento visivo di oggetti, tuttavia, i pazienti con DLB apparivano maggiormente compromessi rispetto ai soggetti con PDD. Gli Autori ipotizzano che tale pattern di compromissione mnesica dei soggetti con DLB sia da ascrivere a una maggiore compromissione, in questa patologia, della corteccia peririnale, cruciale per la memoria di riconoscimento visiva (Mondon et al., 2007).

4.6
Demenza corticobasale

La degenerazione corticobasale, patologia sporadica relativamente rara nell'età presenile e senile, fu inizialmente descritta da Rebeiz et al. nel 1968, ma non divenne oggetto di studio fino alla fine degli anni '80. È clinicamente caratterizzata da una sindrome rigido-acinetica progressiva e asimmetrica, aprassia, anomalie posturali, miocloni e tremori, declino cognitivo. Dal punto di vista neuropatologico, la CBD è associata a grave perdita neuronale, neuroni *balloned* acromatici, gliosi e placche astrocitiche *tau* positive (Gibb et al., 1989). La distribuzione delle alterazioni è estremamente variabile, ma coinvolge tipicamente le strutture sia corticali che sottocorticali dell'encefalo. A livello sottocorticale, le strutture più gravemente interessate sono la sostanza nera e lo striato. L'atrofia corticale, spesso asimmetrica, coinvolge prevalentemente le aree frontali e parietali con un relativo risparmio delle aree temporali e occipitali. Nonostante gli sforzi di questi ultimi anni, volti a delineare e sistematizzare i criteri diagnostici della CBD, la diagnosi differenziale rispetto ad altre forme di demenza, soprattutto la PSP e la demenza fronto-temporale (FTD), risulta spesso difficile. La CBD, infatti, condivide con la PSP numerose caratteristiche cliniche quali la sindrome rigido-acinetica, le cadute frequenti e i deficit della mobilità oculare coniugata. Nella maggior parte dei casi, tuttavia, la differente distribuzione della rigidità extra-piramidale, che nella PSP colpisce prevalentemente i distretti nucali e assiali, mentre nella CBD è localizzata agli arti con tipica distribuzione asimmetrica, e la presenza nella PSP di paralisi verticale dello sguardo sono di aiuto nel distinguere le due patologie. Difficoltà diagnostiche possono sorgere con la FTD e l'afasia progressiva nel caso di una prevalente presentazione cognitiva-comportamentale della CBD, ma l'assenza di aprassia e rigidità nelle prime due patologie è in genere utile per distinguerle dalla CBD. I deficit cognitivi erano inizialmente considerati una caratteristica rara o tardiva della CBD. Tuttavia, studi recenti hanno mostrato che i disturbi del linguaggio, l'aprassia e i deficit della serie frontale, possono manifestarsi precocemente nella malattia e talvolta precedere i sintomi motori, tanto che, attualmente, essi sono inseriti fra i criteri diagnostici della patologia (Litvan et al., 1997).

4.6.1
Aprassia

L'aprassia, la cui presenza è considerata un criterio centrale per la diagnosi di malattia, è il sintomo cognitivo di più frequente riscontro nella CBD (fino al 70% dei pazienti nelle diverse casistiche ne è affetta) (Leiguarda et al., 1994). Il tipo di aprassia più comune in questi pazienti è l'aprassia degli arti, generalmente bilaterale ma, specialmente nelle fasi precoci della malattia, quasi sempre asimmetrica. L'aprassia è più frequentemente di tipo ideomotorio: i pazienti sono tipicamente incapaci di usare gli oggetti e di imitare le pantomime dell'uso di oggetti; commettono errori sia spaziali che temporali nell'esecuzione delle sequenze di gesti con difficoltà maggiori nell'esecuzione di gesti transitivi rispetto ai gesti intransitivi, che aumentano quando venga dato loro un oggetto da utilizzare (Leiguarda et al., 2000). Diversi studi hanno mostrato che, sebbene i pazienti con CBD compiano errori nell'eseguire i gesti sia su comando verbale che su imitazione, generalmente presentano una capacità di riconoscimento delle azioni relativamente risparmiata (Pillon et al., 1995; Blondel et al., 1997; Jacobs et al., 1999; Graham et al., 2003; Zadikoff e Lang, 2005), suggerendo in tal modo un sostanziale risparmio della rappresentazione mentale dei gesti almeno nelle fasi iniziali della patologia (Pillon et al., 1995). Tuttavia, altri Autori hanno documentato nei pazienti con CBD una compromissione importante anche in compiti di prassia ideatoria sin dalle fasi iniziali della malattia, dovuta al venir meno della conoscenza astratta dell'azione le cui mappe semantiche sarebbero localizzate nella corteccia parietale, direttamente coinvolta dai processi degenerativi della CBD (Pharr et al., 2001).

L'aprassia cinetica degli arti è anch'essa un segno molto caratteristico, sebbene non esclusivo, di questa patologia (Leiguarda et al., 2003). È caratterizzata dall'incapacità di eseguire gesti semplici con la mano esprimendosi per lo più con un'impossibilità di coordinare i movimenti delle dita sia nella manipolazione di oggetti che nell'esecuzione dei movimenti fini. Fra i vari tipi di aprassia è quella con una maggior componente motoria, tanto che alcuni Autori la considerano un deficit primario di moto. Nei pazienti con CBD è generalmente unilaterale e colpisce l'arto maggiormente affetto: l'aprassia ideomotoria e cinetica in genere si combinano nello stesso arto. Meno costante è la presenza di aprassia buccofaciale, cioè l'incapacità di eseguire movimenti semplici o sequenze di movimenti con la lingua o la bocca (Pillon et al., 1995, Frasson et al., 1998, Frattali et al., 2000; Leiguarda et al., 2003) e di aprassia del tronco (Okuda et al., 2001). L'aprassia costruttiva (difficoltà nel riprodurre disegni liberi e su copia di un modello) e l'agrafia, infine, sono di frequente riscontro in questi pazienti e sono per lo più da ricondurre all'aprassia degli arti (Graham et al., 1999; 2003).

L'elevata prevalenza e la gravità dei disturbi prassici nella CBD sono verosimilmente il risultato dell'ampio coinvolgimento dei network neuronali che sottendono tale abilità, sia a livello corticale che sottocorticale; l'esteso coinvolgimento delle aree frontali e parietali sarebbe alla base della maggior parte delle manifestazioni cliniche dell'aprassia in questi pazienti (Peigneux et al., 2001; Zadikoff e Lang, 2005).

4.6.2
Funzioni esecutive

Le difficoltà dei pazienti con CBD in test che valutano le funzioni frontali è uno dei dati più rilevanti in letteratura. Prestazioni deficitarie in compiti di categorizzazione e di *shifting* attentivo, così come di fluidità verbale per lettera e per categoria, sono frequentemente riportati (Graham et al., 2003). La sindrome disesecutiva, di gravità paragonabile a quella di pazienti con PSP (Pillon et al., 1995), è probabilmente da ricondurre alla combinazione di differenti lesioni sia alla corteccia dorsolaterale frontale che alle strutture sottocorticali dell'encefalo con conseguente alterazione dei circuiti frontostriatali (Graham et al., 2003). Conseguenze dei deficit esecutivi sono anche le difficoltà di apprendimento di questi pazienti che, sebbene non presentino in genere gravi deficit di memoria, mostrano le difficoltà caratteristiche delle patologie sottocorticali con una prevalente compromissione dei processi di codifica semantica del materiale da apprendere e di recupero dell'informazione immagazzinata e un miglioramento delle prestazioni mnesiche in condizioni di facilitazione semantica o di riconoscimento (Pillon et al., 1995; 2000).

4.6.3
Linguaggio

Studi recenti hanno evidenziato che disturbi del linguaggio possono essere una caratteristica importante della CBD. La prevalenza del disturbo non è chiara, anche per la mancanza in letteratura di un sistematico esame delle abilità linguistiche di questi pazienti (Graham et al., 2003). Il loro deficit linguistico coinvolge prevalentemente il processamento fonologico delle parole evidenziandosi con errori fonetici, difficoltà di spelling e di lettura di non-parole e, nei casi più gravi, con afasia progressiva non fluente, caratterizzata da un eloquio difficoltoso e rallentato (Graham et al., 2003). Come rilevato in precedenza, le lesioni neuropatologiche della CBD coinvolgono prevalentemente le aree dorsali frontali e parietali (Gibb et al., 1989). È stato suggerito che nei soggetti che presentano disturbi del linguaggio, le alterazioni neuropatologiche si estendano alle aree frontali inferiori e temporali anteriori (Kertesz et al., 2000; Okuda et al., 2000).

4.6.4
Abilità visuo-spaziali

Una compromissione delle abilità visuo-spaziali è di frequente riscontro nei pazienti con CBD (Graham et al., 2003) e in alcuni casi può rappresentare il sintomo d'esordio della patologia (Tang-Wai et al., 2003). Prestazioni deficitarie in compiti di giudizio di orientamento di linee o in compiti che richiedano abilità visuo-spaziali di alto livello sono stati riportati in diversi studi (Silveri et al., 1995; Hodges et al., 1999). Uno studio recente in cui sono state confrontate le prestazioni a compiti visuo-spaziali di pazienti con MSA,

PSP e CBD, ha mostrato come i pazienti affetti da CBD risultino i più gravemente compromessi e, a differenza dei pazienti con PSP, presentino difficoltà soprattutto nei compiti che richiedono l'utilizzo di abilità spaziali piuttosto che delle abilità di discriminazione visiva di forme (Bak et al., 2005). Secondo gli Autori, tale profilo di compromissione rifletterebbe il prevalente coinvolgimento della corteccia visiva a livello dorsale (*dorsal stream*). In rari casi i deficit visuo-spaziali in pazienti con CBD si presentano con un grado di severità talmente elevato da configurare una vera e propria sindrome di Balint con simultanagnosia (incapacità a integrare scene visive complesse), atassia ottica (incapacità di dirigere i movimenti su guida visiva) e aprassia oculomotoria (riduzione e/o imprecisione dei movimenti oculari verso gli stimoli visivi) (Mendez, 2000).

4.7
Conclusioni

Le sindromi extrapiramidali con demenza, al di là dell'indubbia eterogeneità di presentazione clinica, dal punto di vista neuropsicologico condividono caratteristiche nel profilo di decadimento cognitivo riconducibili al coinvolgimento delle strutture sottocorticali dell'encefalo. Sebbene le alterazioni neuropatologiche nelle diverse patologie degenerative non siano in genere limitate alle strutture sottocorticali dell'encefalo, il termine di demenza sottocorticale fornisce un utile modello metodologico per descrivere lo specifico pattern di funzioni cognitive deficitarie o relativamente preservate associato a queste patologie. In particolare, le alterazioni cognitive delle demenze sottocorticali sono in gran parte attribuibili alle alterazioni degenerative a carico del cosiddetto circuito fronto-striatale che fornisce un'importante azione regolatoria sottocorticale sia al controllo motorio che a funzioni cognitive di alto livello. Caratteristica comune alle diverse patologie degenerative sottocorticali è infatti la presenza dei sintomi motori extrapiramidali e di alterazioni cognitive caratterizzate prevalentemente da una sindrome disesecutiva con preminenti difficoltà di pianificazione e astrazione, rallentamento del pensiero e alterazioni attentive. I deficit disesecutivi sono spesso alla base anche dei deficit di memoria e di linguaggio che si riscontrano in queste patologie. A causa del venir meno delle funzioni strategiche di controllo, infatti, i disturbi mnesici e linguistici nei pazienti con patologia sottocorticale risultano sia quantitativamente che qualitativamente differenti da quelli presenti in soggetti affetti da patologie in cui il danno coinvolge direttamente le strutture corticali che ne sottendono il funzionamento. Il nucleo centrale della demenza sottocorticale, costituito dai deficit esecutivi e comune a tutte le sindromi demenziali con disturbi extrapiramidali, manifesta tuttavia una variabilità di presentazione e può associarsi ad altri sintomi cognitivi che caratterizzano più o meno tipicamente le diverse forme patologiche. Tale eterogeneità è da ascriversi in parte al diverso grado di compromissione dei circuiti frontostriatali e in parte al coinvolgimento di specifiche aree corticali peculiari per alcune di queste patologie. Nella CBD, ad esempio, la presenza dell'aprassia è conseguenza della degenerazione delle aree parietali. Nella DLB, d'altro canto, l'ampio e diretto interessamento da parte delle lesioni degenerative delle strutture corticali dell'encefalo comporta la comparsa di un pattern di deficit cognitivi misto fra forme corticali e sottocorticali di demenza.

La tipicità dei profili di deterioramento cognitivo nelle diverse forme di patologia extrapiramidale con demenza emerge con chiarezza dai numerosi studi neuropsicologici di confronto fra gruppi di pazienti. Sebbene nel singolo soggetto la variabilità di presentazione del declino cognitivo può assumere aspetti più sfumati e non sempre facilmente riconducibili all'una o all'altra patologia, un'attendibile ipotesi diagnostica non può prescindere da un'accurata caratterizzazione neuropsicologica che si pone pertanto come strumento essenziale nella valutazione del paziente con disturbi extrapiramidali.

Bibliografia

Aarsland D, Litvan I, Salmon D et al (2003) Performance on the dementia rating scale in Parkinson's disease with dementia and dementia with Lewy bodies: comparison with progressive supranuclear palsy and Alzheimer's disease. J Neurol Neurosurg Psychiatry 74(9):1215-1220

Albert ML, Feldman RG, Willis AL (1974) The subcortical dementia of progressive supranuclear palsy. J Neurol Neurosurg Psychiatry 37:121-130

Andrews TC, Brooks DJ (1998) Advances in the understanding of early Huntington's disease using the functional imaging techniques of PET and SPET. Mol Med Today 4(12):532-539

Bak TH, Caine D, Hearn VC, Hodges JR (2006) Visuospatial functions in atypical parkinsonian syndromes J Neurol Neurosurg Psychiatry 77(4):454-456

Bak TH, Craqwford LM, Hearn VC et al (2005) Subcortical dementia revisited: similarities and differences in cognitive function between progressive supranuclear palsy (PSP), corticobasal degeneration (CBD) and multiple system atrophy (MSA). Neurocase 11:268-273

Ballard C, Patel A, Oyebode F, Wilcock G (1996) Cognitive decline in patients with Alzheimer's disease, vascular dementia and senile dementia of Lewy body type. Age Ageing 25(3):209-213

Bartzokis G, Cummings J, Perlman S et al (1999) Increased basal ganglia iron levels in Huntington disease. Arch Neurol 56(5):569-574

Beatty WW, Butters N (1986) Further analysis of encoding in patients with Huntington's disease. Brain Cogn 5(4):387-398

Beatty WW, Salmon DP, Butters N et al (1988) Retrograde amnesia in patients with Alzheimer's disease or Huntington's disease. Neurobiol Aging 9(2):181-186

Berent S, Giordani B, Gilman S et al (2002) Patterns of neuropsychological performance in multiple system atrophy compared to sporadic and hereditary olivopontocerebellar atrophy. Brain Cogn 50(2):194-206

Bigio EH, Brown DF, White CL 3rd (1999) Progressive supranuclear palsy with dementia: cortical pathology. J Neuropathol Exp Neurol 58(4):359-364

Blondel A, Eustache F, Schaeffer S et al (1997) Clinical and cognitive study of apraxia in corticobasal atrophy. A selective disorder of the production system. Rev Neurol 153(12):737-747

Bradshaw JM, Saling M, Anderson V et al (2006) Higher cortical deficits influence attentional processing in dementia with Lewy bodies, relative to patients with dementia of the Alzheimer's type and controls. J Neurol Neurosurg Psychiatry 77(10):1129-1135

Caine ED, Bamford KA, Schiffer RB et al (1986) A controlled neuropsychological comparison of Huntington's disease and multiple sclerosis. Arch Neurol 43(3):249-254

Calderon J, Perry RJ, Erzinclioglu SW et al (2001) Perception, attention, and working memory are disproportionately impaired in dementia with Lewy bodies compared with Alzheimer's disease.

J Neurol Neurosurg Psychiatry 70(2):157-164

Cambier J, Masson M, Viader F et al (1985) Frontal syndrome of progressive supranuclear palsy. Rev Neurol (Paris) 141(8-9):528-536

Carlesimo GA, Perri R, Caltagirone C (1998) Polimorfismo neuropsicologico nelle demenze degenerative. Nuova rivista di Neurologia 8:157-166

Colloby SJ, Fenwick JD, Williams ED et al (2002) A comparison of (99m)Tc-HMPAO SPET changes in dementia with Lewy bodies and Alzheimer's disease using statistical parametric mapping. Eur J Nucl Med Mol Imaging 29(5):615-622

Connor DJ, Salmon DP, Sandy TJ et al (1998) Cognitive profiles of autopsy-confirmed Lewy body variant vs pure Alzheimer disease. Arch Neurol 55(7):994-1000

Cordato NJ, Pantelis C, Halliday GM et al (2002) Frontal atrophy correlates with behavioural changes in progressive supranuclear palsy. Brain 25(Pt 4):789-800

Cormack F, Gray A, Ballard C, Tovée MJ (2004) A failure of 'pop-out' in visual search tasks in dementia with Lewy Bodies as compared to Alzheimer's and Parkinson's disease. Int J Geriatr Psychiatry 19(8):763-772

Cummings JL, Benson F (1984) Subcortical dementia. Review of an emerging concept. Arch Neurol 41:874-879

Dickson DW, Rademakers R, Hutton ML (2007) Progressive supranuclear palsy: pathology and genetics. Brain Pathol 17:74-82

Doubleday EK, Snowden JS, Varma AR, Neary D (2002) Qualitative performance characteristics differentiate dementia with Lewy bodies and Alzheimer's disease. J Neurol Neurosurg Psychiatry 72(5):602-607

Dubois B, Deweer B, Pillon B (1996) The cognitive syndrome of progressive supranuclear palsy. Adv Neurol 69:399-403

Dubois B, Pillon B, Legault F et al (1988) Slowing of cognitive processing in progressive supranuclear palsy. A comparison with Parkinson's disease. Arch Neurol 45(11):1194-1199

Dubois B, Slachevsky A, Litvan I, Pillon B (2000) The FAB: a frontal assessment battery at bedside. Neurology 55(11):1194-1199

Esmonde T, Giles E, Gibson M, Hodges JR (1996) Neuropsychological performance, disease severity, and depression in progressive supranuclear palsy. J Neurol 243(9):638-643

Faglioni P (1996) Lobo frontale. In: Denes G e Pizzamiglio L (a cura di) Manuale di Neuropsicologia. Zanichelli, Bologna

Finke K, Schneider WX, Redel P et al (2007) The capacity of attention and simultaneous perception of objects: a group study of Huntington's disease patients. Neuropsychologia 45(14):3272-3284

Frasson E, Moretto G, Beltramello A et al (1998) Neuropsychological and neuroimaging correlates in corticobasal degeneration. Ital J Neurol Sci 19(5):321-328

Frattali CM, Grafman J, Patronas N et al (2000) Language disturbances in corticobasal degeneration. Neurology 54(4):990-992

Gibb WR, Luthert PJ, Marsden CD (1989) Corticobasal degeneration. Brain 112(Pt 5):1171-1192

Grafman J, Litvan I, Gomez C, Chase TN (1990) Frontal lobe function in progressive supranuclear palsy. Arch Neurol 47(5):553-558

Graham NL, Bak T, Patterson K, Hodges JR (2003) Language function and dysfunction in corticobasal degeneration. Neurology 61(4):493-499

Graham NL, Bak TH, Hodges JR (2003) Corticobasal degeneration as a cognitive disorder. Mov Disord 18(11):1224-1232

Graham NL, Zeman A, Young AW et al (1999) Dyspraxia in a patient with corticobasal degeneration: the role of visual and tactile inputs to action. J Neurol Neurosurg Psychiatry 67(3):334-344

Hamilton JM, Salmon DP, Galasko D et al (2004) A comparison of episodic memory deficits in neuropathologically-confirmed Dementia with Lewy bodies and Alzheimer's disease. J Int Neuropsychol Soc 10(5):689-697

Hauw JJ, Danile SE, Dickson D et al (1994) Preliminary NINDS neuropathologic criteria for Steele-Richardson-Olszewski syndrome (progressive supranuclear palsy). Neurology 44:2015-2019

Heindel WC, Salmon DP, Shults CW et al (1989) Neuropsychological evidence for multiple implicit memory systems: a comparison of Alzheimer's, Huntington's, and Parkinson's disease patients. J Neurosci 9(2):582-587

Heyman A, Fillenbaum GG, Gearing M et al (1999) Comparison of Lewy body variant of Alzheimer's disease with pure Alzheimer's disease: Consortium to Establish a Registry for Alzheimer's Disease, Part XIX. Neurology 52(9):1839-1844

Higuchi M, Tashiro M, Arai H et al (2000) Glucose hypometabolism and neuropathological correlates in brains of dementia with Lewy bodies. Exp Neurol 162(2):247-256

Ho AK, Nestor PJ, Williams GB et al (2004) Pseudo-neglect in Huntington's disease correlates with decreased angular gyrus density. Neuroreport 15(6):1061-1064

Ho AK, Sahakian BJ, Brown RG et al (2003) Profile of cognitive progression in early Huntington's disease. Neurology 61(12):1702-1706

Hodges JR, Spatt J, Patterson K (1999) "What" and "how": evidence for the dissociation of object knowledge and mechanical problem-solving skills in the human brain. Proc Natl Acad Sci U S A96(16):9444-9448

Huber SJ, Shuttleworth EC, Paulson GW et al (1986) Cortical vs subcortical dementia. Neuropsychological differences. Arch Neurol 43:392-394

Jacobs DH, Adair JC, Macauley B et al (1999) Apraxia in corticobasal degeneration. Brain Cogn 40(2):336-354

Johnson R Jr (1992) Event-related brain potentials. In: Litvan I, Agid Y (Eds) Progressive supranuclear palsy: clinical and research approaches. Oxford United Press, New York

Johnson R Jr, Litvan I, Grafman J (1991) Progressive supranuclear palsy: altered sensory processing leads to degraded cognition. Neurology 41(8):1257-1262

Kaat LD, Boon AJ, Kamphorst W et al (2007) Frontal presentation in progressive supranuclear palsy. Neurology 69(8):723-729

Kawai Y, Suenaga M, Takeda A et al (2008) Cognitive impairments in multiple system atrophy: MSA-C vs MSA-P. Neurology 70(16 Pt 2):1390-1396

Kertesz A, Martinez-Lage P, Davidson W, Munoz DG (2000) The corticobasal degeneration syndrome overlaps progressive aphasia and frontotemporal dementia. Neurology 55(9):1368-1375

Lambon Ralph MA, Powell J, Howard D et al (2001) Semantic memory is impaired in both dementia with Lewy bodies and dementia of Alzheimer's type: a comparative neuropsychological study and literature review. J Neurol Neurosurg Psychiatry 70(2):149-156

Lang C, Balan M, Reischies F (2000) Recall and recognition in Huntington's disease. Arch Clinical Neuorpsychol 15:361-371

Leiguarda R, Lees AJ, Merello M et al (1994) The nature of apraxia in corticobasal degeneration. J Neurol Neurosurg Psychiatry 57(4):455-459

Leiguarda R, Merello M, Balej J (2000) Apraxia in corticobasal degeneration. Adv Neurol 82:103-121

Leiguarda RC, Marsden CD (2000) Limb apraxias: higher-order disorders of sensorimotor integration. Brain 123(Pt 5):860-879

Leiguarda RC, Merello M, Nouzeilles MI et al (2003) Limb-kinetic apraxia in corticobasal degeneration: clinical and kinematic features. Mov Disord 18(1):49-59

Leiguarda RC, Pramstaller PP, Merello M et al (1997) Apraxia in Parkinson's disease, progressive supranuclear palsy, multiple system atrophy and neuroleptic-induced parkinsonism. Brain 120(Pt 1):75-90

Lemiere J, Decruyenaere M, Evers-Kiebooms G et al (2002) Longitudinal study evaluating neuropsychological changes in so-called asymptomatic carriers of the Huntington's disease mutation after 1 year. Acta Neurol Scand 106(3):131-141

Lemiere J, Decruyenaere M, Evers-Kiebooms G et al (2004) Cognitive changes in patients with Huntington's disease (HD) and asymptomatic carriers of the HD mutation—a longitudinal follow-up study. J Neurol 251(8):935-942

Lemstra AW, Eikelenboom P, van Gool WA (2003) The cholinergic deficiency syndrome and its therapeutic implications. Gerontology 49(1):55-60

Lippa CF, Duda JE, Grossman M et al (2007) DLB and PDD boundary issues: diagnosis, treatment, molecular pathology, and biomarkers. Neurology 68(11):812-819

Lippa CF, McKeith I (2003) Dementia with Lewy bodies: improving diagnostic criteria. Neurology 60(10):1571-1572

Litvan I (1994) Cognitive disturbances in progressive supranuclear palsy. J Neural Transm Suppl 42:69-78

Litvan I, Agid Y, Calne D et al (1996) Clinical research criteria for the diagnosis of progressive supranuclear palsy (Steele-Richardson-Olszewski syndrome): report of the NINDS-SPSP international workshop. Neurology 47:1-9

Litvan I, Agid Y, Goetz C et al (1997) Accuracy of the clinical diagnosis of corticobasal degeneration: a clinicopathologic study. Neurology 48(1):119-125

Litvan I, Grafman J, Gomez C, Chase TN (1989) Memory impairments in patients with progressive supranuclear palsy. Arch Neurol 46:765-767

Magherini A, Litvan I (2005) Cognitive and behavioural aspects of PSP since Steele, Richardson and Olszewski's description of PSP 40 years ago and Albert's delineation of the subcortical dementia 30 years ago. Neurocase 11:250-62

McHugh PR, Folstein MF (1975) Psychiatric syndromes of Huntington's chorea: a clinical and phenomenologic study. In Benson DF, Blumer D (eds) Psychiatric aspects of neurologic disease. Grune & Stratton Inc., New York

McKeith IG (2002) Dementia with Lewy bodies. Br J Psychiatry180:144-147

McKeith IG, Dickson DW, Lowe J et al (2005) Diagnosis and management of dementia with Lewy bodies: third report of the DLB Consortium. Neurology 65(12):1863-1872

McKeith IG, Mintzer J, Aarsland D et al (2004) Dementia with Lewy bodies. Lancet Neurol 3:19-28

Meco G, Gasparini M, Doricchi F (1996) Attentional functions in multiple system atrophy and Parkinson's disease. J Neurol Neurosurg Psychiatry 60(4):393-398

Mendez MF (2000) Corticobasal ganglionic degeneration with Balint's syndrome. J Neuropsychiatry Clin Neurosci 12(2):273-275

Metzler-Baddeley C (2007) A review of cognitive impairments in dementia with Lewy bodies relative to Alzheimer's disease and Parkinson's disease with dementia. Cortex 43(5):583-600

Mondon K, Gochard A, Marqué A et al (2007) Visual recognition memory differentiates dementia with Lewy bodies and Parkinson's disease dementia. J Neurol Neurosurg Psychiatry 78(7):738-741

Montoya A, Pelletier M, Menear M et al (2006a) Episodic memory impairment in Huntington's disease: a meta-analysis. Neuropsychologia 44(10):1984-1994

Montoya A, Price BH, Menear M, Lepage M (2006b). Brain imaging and cognitive dysfunctions in Huntington's disease. J Psychiatry Neurosci 31(1):21-29

Mosimann UP, Mather G, Wesnes KA et al (2004) Visual perception in Parkinson disease dementia and dementia with Lewy bodies. Neurology 63(11):2091-2096

Noe E, Marder K, Bell KL et al (2004) Comparison of dementia with Lewy bodies to Alzheimer's disease and Parkinson's disease with dementia. Mov Disord 19(1):60-67

Okuda B, Tachibana H, Kawabata K et al (2000) Cerebral blood flow in corticobasal degeneration and progressive supranuclear palsy. Alzheimer Dis Assoc Disord 14(1):46-52

Okuda B, Tanaka H, Kawabata K et al (2001) Truncal and limb apraxia in corticobasal degeneration. Mov Disord 16(4):760-762

Paviour DC, Price SL, Stevens JM et al (2005) Quantitative MRI measurement of superior cerebellar peduncle in progressive supranuclear palsy. Neurology 64(4):675-679

Peigneux P, Salmon E, Garraux G et al (2001) Neural and cognitive bases of upper limb apraxia in corticobasal degeneration. Neurology 57(7):1259-1268

Perriol MP, Dujardin K, Derambure P (2005) Disturbance of sensory filtering in dementia with Lewy bodies: comparison with Parkinson's disease dementia and Alzheimer's disease. J Neurol Neurosurg Psychiatry 76(1):106-108

Perry EK, Haroutunian V, Davis KL et al (1994) Neocortical cholinergic activities differentiate Lewy body dementia from classical Alzheimer's disease. Neuroreport 5(7):747-749

Pharr V, Uttl B, Stark M et al (2001) Comparison of apraxia in corticobasal degeneration and progressive supranuclear palsy. Neurology 56(7):957-963

Pillon B, Blin J, Vidailhet M et al (1995) The neuropsychological pattern of corticobasal degeneration: comparison with progressive supranuclear palsy and Alzheimer's disease. Neurology 45(8):1477-1483

Pillon B, Deweer B, Michon A et al (1994) Are explicit memory disorders of progressive supranuclear palsy related to damage to striato-frontal circuitsw? Comparison with Alzheimer's, Parkinson's and Hungtinton's diseases. Neurology 44:1264-1270

Pillon B, Dubois B (2000) Memory and executive processes in corticobasal degeneration. Adv Neurol 82:91-101

Pillon B, Dubois B, Lhermitte F, Agid Y (1986) Heterogeneity of cognitive impairment in progressive supranuclear palsy, Parkinson's disease, and Alzheimer's disease. Neurology 36(9):1179-1185

Pillon B, Dubois B, Ploska A, Agid Y (1991) Severity and specificity of cognitive impairment in Alzheimer's, Parkinson's and Hungtinton's diseases and progressive supranuclear palsy. Neurology 41(5):634-643

Pillon B, Gouider-Khouja N, Deweer B et al (1995) Neuropsychological pattern of striatonigral degeneration: comparison with Parkinson's disease and progressive supranuclear palsy. J Neurol Neurosurg Psychiatry58(2):174-179

Posner MI, Petersen SE (1990) The attention system of the human brain. Annu Rev Neurosci 13:25-42

Rafal RD (1992) Visually guided behavior. In Litvan I, Agid Y (eds) Progressive supranuclear palsy: clinical and research approaches. Oxford United Press, New York

Rafal RD, Posner MI, Friedman JH et al (1998) Orienting of visual attention in progressive supranuclear palsy. Brain 111(Pt 2):267-280

Rebeiz JJ, Kolodny EH, Richardson EP Jr (1968) Corticodentatonigral degeneration with neuronal achromasia. Arch Neurol 18(1):20-33

Robbins TW, James M, Owen AM et al (1994) Cognitive deficits in progressive supranuclear palsy, Parkinson's disease, and multiple system atrophy in tests sensitive to frontal lobe dysfunction. J Neurol Neurosurg Psychiatry 57(1):79-88

Robinson G, Shallice T, Cipolotti L (2006) Dynamic aphasia in progressive supranuclear palsy: a deficit in generating a fluent sequence of novel thought. Neuropsychologia 44(8):1344-1360

Rosser A, Hodges JR (1994) Initial letter and semantic category fluency in Alzheimer's disease, Huntington's disease, and progressive supranuclear palsy. J Neurol Neurosurg Psychiatry 57(11):1389-1394

Salmon DP, Filoteo VJ (2007) Neuropsychology of cortical versus subcortical dementia syndromes. Semin Neurol 27:7-21

Salmon DP, Galasko D, Hansen LA et al (1996) Neuropsychological deficits associated with diffuse Lewy body disease. Brain Cogn 31(2):148-65

Silveri MC, Almonti S, Di Trapani G (1995) Unusual pattern of mental deterioration in a patient with signs of corticobasal degeneration. Ital J Neurol Sci. 16(8):572

Snowden JS, Craufurd D, Thompson J, Neary D (2002) Psychomotor, executive, and memory function in preclinical Huntington's disease. J Clin Exp Neuropsychol 24(2):133-145

Soliveri P, Monza D, Paridi D et al (2000) Neuropsychological follow up in patients with Parkinson's disease, striatonigral degeneration-type multisystem atrophy, and progressive supranuclear palsy. J Neurol Neurosurg Psychiatry 69(3):313-318

Steele JC, Richardson JC, Olszewski J (1964) Progressive supranuclear palsy. A heterogeneous degeneration involving the brain stem, basal ganglia and cerebellumwith vertical gaze and pseudobulbar palsy, nuchal dystonia and dementia. Arch Neurol 10:333-359

Tang-Wai DF, Josephs KA, Boeve BF et al (2003) Pathologically confirmed corticobasal degeneration presenting with visuospatial dysfunction. Neurology 61(8):1134-1135

Tekin S, Cummings J (2002) Frontal-subcortical neuronal circuits and clinical neuropsychiatry: an update. J Psychosom Res 53(2):647-654

Thieben MJ, Duggins AJ, Good CD et al (2002) The distribution of structural neuropathology in pre-clinical Huntington's disease. Brain 125(Pt 8):1815-1828

Verny M, Duyckaerts C, Agid Y, Hauw JJ (1996) The significance of cortical pathology in progressive supranuclear palsy: clinico-pathological data in 10 cases. Brain 119:1123-1136

Wakabayashi K, Hayashi M, Kakita A et al (1998) Accumulation pf alpha-sinuclein/NACP is a cytopathological feature common to Lewy body disease and multiple system atrophy. Acta Neuropathol 96:445-452

Wakabayashi K, Masumoto K, Takaiama K et al (1997) NACP a presynaptic protein, immunoreactivity in Lewy bodies in Parkinson's disease. Neurosci Lett 239:45-48

Wenning GK, Colosimo C, Geser F, Poewe W (2004) Multiple system atrophy. Lancet Neurol 3(2):93-103

Zadikoff C, Lang AE (2005) Apraxia in movement disorders. Brain 128(Pt 7):1480-97

Zakzanis KK (1998) The subcortical dementia of Huntington's disease. J Clin Exp Neuropsychol 20(4):565-78

L. Fadda, G.A. Carlesimo

5.1
Introduzione

La valutazione neuropsicologica è diventata parte integrante della valutazione clinica dei pazienti con malattia di Parkinson (MP). Numerosi studi clinici e sperimentali hanno infatti dimostrato l'importanza della valutazione neuropsicologica nel percorso diagnostico delle sindromi extrapiramidali, sia per un corretto inquadramento nosografico e prognostico, sia perché i disturbi cognitivi, una volta considerati accessori nel quadro clinico, hanno un peso notevole nella ridotta qualità di vita dei pazienti (Padovani et al., 2006).

Un approfondito esame delle funzioni cognitive consente di porre una diagnosi differenziale tra alterazioni cognitive isolate, presenti pressoché di regola nei pazienti parkinsoniani, e una vera e propria demenza. L'analisi qualitativa del profilo di compromissione neuropsicologica consentirà, a sua volta, di discriminare tra forme di demenza a genesi corticale o sottocorticale, di differenziare una vera e propria demenza da una pseudodemenza depressiva e, quindi, di indirizzare il clinico nella corretta gestione farmacologica del paziente.

Su un piano più squisitamente scientifico, l'analisi qualitativa del deficit neuropsicologico in campioni rappresentativi di pazienti con malattie extrapiramidali ha contribuito alla comprensione dei meccanismi che regolano il circuito fronto-striatale, aiutando a chiarire la relazione tra disturbi motori e cognitivo-comportamentali e mettendo in luce differenze tra le varie condizioni. Studi recenti hanno quindi cercato di interpretare il disturbo cognitivo nella MP non solo in termini anatomici e psicofarmacologici, ma anche in termini neuropsicologici (Calabresi et al., 2006).

Poiché le caratteristiche qualitative del deficit cognitivo sono state ampiamente

L. Fadda (✉)
Clinica Neurologica, Università di Roma "Tor Vergata", IRCCS Fondazione S. Lucia, Roma

Malattia di Parkinson e parkinsonismi. Alberto Costa, Carlo Caltagirone (a cura di)
© Springer-Verlag Italia 2009

trattate in altri capitoli di questo volume, questo capitolo fornisce una panoramica degli strumenti diagnostici utilizzati per una valutazione neuropsicologica. Verranno descritte alcune tra le batterie di test neuropsicologici in uso in Italia per la valutazione della demenza e una serie di altri test che aiutano ad approfondire, con prove più mirate, le singole funzioni cognitive, con un particolare focus sui deficit che generalmente vengono riscontrati nelle sindromi parkinsoniane.

5.2
Valutazione neuropsicologica

La diagnosi di MP si basa su una valutazione clinica e strumentale nell'ambito della quale la caratterizzazione del profilo cognitivo può fornire, come precedentemente affermato, informazioni rilevanti sia sul piano diagnostico che su quello prognostico.

Nonostante ci sia un ampio consenso sull'elevata prevalenza del declino cognitivo nella MP, non esiste attualmente in versione italiana una batteria specifica che preveda la valutazione dei vari aspetti sia cognitivi che comportamentali della malattia. Sono tuttavia disponibili batterie per la valutazione della demenza, test che valutano i singoli domini cognitivi e scale per la valutazione dei disturbi comportamentali. Il clinico che vorrà chiarire questi aspetti potrà quindi usufruire di una serie di strumenti che però dovranno essere assemblati ad hoc sulla base delle specifiche ipotesi diagnostiche; partendo infatti da una valutazione di base, sarà poi cura dello specialista scegliere gli strumenti più adeguati.

5.2.1
Scopi di una valutazione neuropsicologica

Gli obiettivi che una valutazione neuropsicologica si pone sono prevalentemente di tipo diagnostico e prognostico. In quest'ottica, i test sono solo uno tra gli strumenti che il neuropsicologo può utilizzare per formulare delle inferenze sulla funzionalità cognitiva del paziente.

Durante il primo incontro con il paziente sarà importante raccogliere un'accurata anamnesi che focalizzi l'attenzione non solo sul disturbo cognitivo ma anche sul tono dell'umore del paziente, sulle sue capacità attentive e sul grado di consapevolezza circa i propri deficit.

In seguito alla raccolta di informazioni deducibili dal colloquio con il paziente, si passa alla somministrazione di test di screening che, in una prima fase, serviranno a ottenere un profilo neuropsicologico, seppur sommario, e a poter avanzare quindi ipotesi su quali siano gli aspetti da indagare in modo più approfondito. Una batteria neuropsicologica di screening deve essere in grado di raccogliere informazioni su svariati ambiti cognitivi; nel caso della MP, essa dovrà comprendere test selezionati sulla base di una loro accertata sensibilità a dimostrare deficit delle funzioni cognitive principalmente compromesse in questi pazienti.

L'approfondimento, che avverrà generalmente durante un secondo incontro, verterà infatti sulla valutazione delle funzioni cognitive che sono risultate deficitarie al test di screening, somministrando prove ad hoc per un'analisi più dettagliata del deficit.

Caratteristica essenziale di uno strumento di analisi cognitiva è la disponibilità di dati di normalizzazione che diano la possibilità di assegnare punteggi che non risentano di variabili indipendenti dalla patologia cerebrale. A questo scopo, il punteggio a un test cognitivo deve essere normalizzato, cioè corretto per gli effetti che le variabili socio-anagrafiche del singolo soggetto producono sul punteggio reale. Le variabili che in maniera più marcata incidono sul livello prestazionale sono l'età, con correlazione negativa, e la scolarità, con correlazione positiva. È bene inoltre che tali strumenti di indagine tengano conto anche dei deficit motori, tipici di questi pazienti, del rallentamento ideo-motorio, molto spesso presente, e della ridotta motivazione, conseguenza della depressione frequentemente osservabile nella malattia. A tal fine, è importante che il paziente non venga sottoposto a prove lunghe ed esageratamente onerose dal punto di vista cognitivo.

5.2.2
Batterie neuropsicologiche per la valutazione della sindrome demenziale

Numerosi sono gli strumenti normalizzati e validati su una popolazione di lingua italiana per la valutazione dell'efficienza cognitiva globale del paziente con sospetta patologia demenziale.

Molto noto è il *Mini Mental State Examination* (MMSE) (Folstein et al., 1975), somministrabile in pochi minuti anche da personale non specializzato, che fornisce un orientamento molto preliminare sulla possibile presenza di un decadimento cognitivo diffuso. Proprio in virtù della sua natura di test di screening, tale strumento non consente una valutazione formale delle singole abilità cognitive. A questa finalità rispondono invece batterie di test assemblati espressamente per la discriminazione di pazienti con demenza da soggetti normali, ma che sono anche in grado di confrontare le prestazioni cognitive di gruppi di pazienti affetti da varie patologie neurologiche.

Tra le varie batterie disponibili, quelle maggiormente utilizzate sono la MODA e la MDB.

Il *Milan Overall Dementia Assessment* (MODA) (Brazzelli et al., 1994) ha un approccio allo studio del deterioramento cognitivo di tipo globale; fornisce infatti un punteggio complessivo, che costituisce la somma dei risultati di due scale di autonomia e di orientamento e delle prestazioni a una breve batteria neuropsicologica che studia molteplici aree cognitive quali l'attenzione, l'intelligenza, la memoria, il linguaggio e le abilità visuo-spaziali. Richiede un tempo complessivo di somministrazione di circa 45 m.

La *Mental Deterioration Battery* (MDB) (Caltagirone et al., 1995; Carlesimo et al., 1995a) è stata concepita per diagnosticare la presenza di declino cognitivo diffuso, nonché per fornire informazioni sulle caratteristiche qualitative del deficit cognitivo eventualmente presente nel paziente indagato. È composta da sette test che forniscono otto punteggi complessivi: quattro espressione dell'elaborazione di materiale verbale e quattro derivanti dall'elaborazione di materiale visuo-percettivo. I test sono stati scelti per fornire informazioni circa l'efficienza funzionale di svariati ambiti cognitivi: capacità mnesiche (memoria a breve e lungo termine episodica per materiale verbale, memoria a breve termine per materiale visuo-percettivo, fruibilità del magazzino di memoria semantica); capacità prassico-costruttive (con prove che si differenziano per il diverso impegno richiesto nella pianificazione dell'attività grafica); capacità linguistiche di alto livello e, infine, capacità di ragionamento logico-concettuale. La MDB si è rivelata uno strumento pratico e di agevole somministrazione; infatti, il materiale testistico è agevolmente trasportabile e riproducibile e il tempo necessario per la somministrazione dell'intera batteria è ragionevolmente contenuto (45/75 minuti). La presenza di due o più punteggi patologici sugli otto complessivamente ottenibili dalla batteria, permette di discriminare con sufficiente affidabilità diagnostica i pazienti affetti da deterioramento cognitivo diffuso rispetto ai soggetti normali (Carlesimo et al., 1995a).

La MDB ha inoltre dimostrato la sua validità, non solo per discriminare pazienti dementi da soggetti normali, ma anche per individuare profili differenziali di compromissione neuropsicologica in gruppi di pazienti affetti da sindromi demenziali di varia etiologia (malattia di Alzheimer, demenza vascolare, idrocefalo normoteso, MP con demenza). Uno studio che ha utilizzato la MDB come strumento di valutazione evidenziava profili cognitivi differenziali in un gruppo di pazienti parkinsoniani e in un gruppo di pazienti affetti da malattia di Alzheimer con un livello paragonabile di deterioramento cognitivo. Pur nel contesto di un deterioramento cognitivo diffuso, infatti, i pazienti alzheimeriani mostravano una più grave compromissione nelle prove di memoria, mentre i pazienti affetti da MP mostravano un deficit prevalente nelle funzioni sottese dai lobi frontali (Caltagirone et al., 1989). Un altro studio ha messo in evidenza la specificità dei singoli test nell'indagare ambiti cognitivi diversi, consentendo così di individuare pazienti affetti da deficit selettivi di singole funzioni cognitive (Carlesimo et al., 1995b). Quest'ultimo aspetto appare di particolare importanza nella diagnosi delle disfunzioni cognitive in pazienti affetti da forme degenerative focali (Carlesimo et al., 1995b).

5.2.3
Strumenti di valutazione dei singoli deficit cognitivi

I deficit cognitivi di più frequente riscontro nel paziente parkinsoniano non demente sono stati esaurientemente descritti in altri capitoli del presente volume. Nelle pagine seguenti sono riportate le scale neuropsicologiche maggiormente in uso in Italia per la valutazione di un danno selettivo di tali funzioni.

Le batterie neuropsicologiche fin qui descritte, infatti, sono state costruite con lo scopo di accertare la presenza o meno di una sindrome demenziale e i singoli test che le compongono non sono generalmente in grado di evidenziare deficit selettivi di singole funzioni. Per far questo, è necessario ricorrere a strumenti più mirati a valutare la singola funzione secondo le più moderne concezioni neurocognitive e pur tuttavia forniti di dati di validazione e normalizzazione che ne consentano l'utilizzo in ambiente clinico. Tali strumenti verranno descritti qui di seguito, raggruppandoli per il dominio cognitivo specificamente indagato.

5.2.4
Funzioni esecutive

Come ampiamente descritto nel Capitolo 3, la compromissione delle funzioni frontali è generalmente il reperto neuropsicologico dominante nei pazienti con MP senza demenza. Il quadro tipico, infatti, è caratterizzato dalla presenza di alterazioni delle funzioni esecutive, riscontrabili anche nelle fasi iniziali della malattia. Secondo alcuni Autori (Girotti et al., 1988), inoltre, i deficit cognitivi nei pazienti con MP dementi sono più diffusi e severi di quelli riscontrati nei pazienti con MP non dementi, ma sembrano coinvolgere quelle stesse funzioni la cui alterazione già costituisce un criterio di discriminazione tra pazienti non dementi e controlli sani.

Una breve definizione di funzioni esecutive, prima di elencare e descrivere gli strumenti più utilizzati, ci aiuterà a capire il razionale che c'è dietro ogni test utilizzato.

Le funzioni esecutive sono genericamente definite come l'insieme dei processi mentali che consentono di elaborare schemi cognitivo-comportamentali adattivi in risposta a condizioni ambientali nuove e impegnative. I meccanismi cognitivi che sottendono le funzioni esecutive sono in grado di ottimizzare le prestazioni in situazioni che richiedono la simultanea attivazione di processi differenti. Come tali, il loro normale funzionamento è particolarmente critico quando devono essere generate e organizzate sequenze di riposte e quando nuovi programmi d'azione devono essere formulati ed eseguiti.

Piuttosto che svolgere operazioni cognitive specifiche, le funzioni esecutive hanno il compito di controllare il normale e coordinato funzionamento dei processi mentali, rappresentando quindi una funzione di controllo per guidare il comportamento finalizzato. La compromissione dei processi esecutivi descritti dà luogo ai quadri clinici che caratterizzano le sindromi disesecutive.

Nella prospettiva della neuropsicologia cognitiva, l'insieme dei processi che costituiscono il dominio delle funzioni esecutive può essere scomposto in unità cognitive parzialmente differenziabili e quindi misurabili (Grossi e Trojano, 2005).

Il neuropsicologo interessato a indagare i disordini cognitivi nella MP dovrà quindi condurre una valutazione articolata e ragionata delle funzioni esecutive utilizzando una flow-chart diagnostica che gli permetta di individuare da quali aspetti iniziare e quali approfondimenti specifici valga la pena di aggiungere alla valutazione del singolo paziente.

Secondo lo schema di riferimento proposto da Grossi e Trojano (2005), le prove per la valutazione della sindrome disesecutiva si possono raggruppare in cluster orientati all'analisi di aspetti sostanzialmente omogenei del comportamento.

Un primo gruppo comprende prove che valutano *l'abilità di elaborazione di categorie astratte e di cambiamento della categoria in funzione di una modificazione della situazione contingente (set-shifting)*. Una delle prove più usate per evidenziare tale difficoltà è il *Wisconsin Card Sorting Test* (WCST). Questo test richiede al soggetto non solo di effettuare una categorizzazione coerente degli stimoli, ma anche di modificare i criteri sulla scorta di istruzioni molto scarne date dall'esaminatore.

Il test nella versione classica (Milner et al., 1968) è composto da 4 carte stimolo che rimangono scoperte e fisse sul tavolo e da 128 carte di risposta con simboli classificabili per colore, forma e numero. Una categoria si ritiene raggiunta dopo che il paziente ha abbinato 10 carte consecutive in maniera coerente. Nella versione ridotta (*Modified Card Sorting Test*) (Nelson, 1976), il numero di carte è ridotto da 128 a 48 e la categoria cambia dopo ogni 6 abbinamenti corretti. Esistono dati normativi raccolti su popolazione italiana sia per il test classico (Laiacona et al., 2000) sia per quello semplificato (Nocentini et al., 2002; Caffarra et al., 2004).

Il coinvolgimento delle aree corticali dei lobi frontali è documentato da evidenze neuropsicologiche che dimostrano come pazienti con lesioni focali dei lobi frontali presentino errori di tipo perseverativo, difficoltà nel mantenimento del set delle risposte corrette e, a volte, riposte paradossali senza alcun nesso logico (Cantagallo e Zoccolotti, 2007). Inoltre, studi PET su soggetti normali hanno mostrato modificazioni del flusso cerebrale in corteccia-dorso laterale sinistra durante l'esecuzione dell'WCST (Rezai et al., 1993).

Un'altra prova sensibile ai deficit di set-shifting è il *Trail Making Test* (Giovagnoli et al., 1996).

Il test è costituito da due parti. Nella parte A, il soggetto deve unire con una linea in ordine crescente 25 numeri riportati in modo casuale su un foglio; nella parte B, invece, al soggetto viene richiesto di collegare alternativamente 13 numeri e 12 lettere dell'alfabeto in ordine progressivo. Il deficit di set-shifting viene evidenziato da errori nell'alternanza delle due sequenze (numerica e alfabetica) e/o da un drastico rallentamento nell'esecuzione del test passando dalla forma A a quella B.

Nel secondo gruppo sono incluse prove che richiedono, per raggiungere uno scopo, di operare secondo regole precise, pianificando i comportamenti in base a delle priorità. Un deficit cognitivo di frequente riscontro nel paziente con lesione frontale consiste nell'apparente mancanza di motivazioni a raggiungere l'obiettivo prefissato e la difficoltà a pianificare le proprie azioni in maniera gerarchica, tenendo presente anche il contesto sociale nel quale l'azione si svolge. Un test tra i più usati per valutare la capacità di pianificazione e programmazione di strategie è la *Torre di Londra* (Shallice, 1982). In questo test il soggetto sperimentale è chiamato a individuare le regole che gli consentono di risolvere il problema con il minor numero di mosse possibile, tenendo conto delle conseguenze di più azioni immaginate prima della loro stessa esecuzione. Nella soluzione del problema appaiono criticamente coinvolte la *working memory*, per memorizzare le mosse precedenti e quelle che ancora devono essere eseguite, e la capacità di shifting, al fine di cambiare strategia se quella utilizzata in precedenza si è rivelata inefficace. I pazienti frontali in genere violano le regole e non riescono a pianificare le azioni in maniera funzionale, impiegando molto più tempo e molte più mosse dei soggetti normali.

Un'altra caratteristica dei pazienti frontali è l'elevata sensibilità all'interferenza, che si esprime come una ridotta capacità a inibire i comportamenti più semplici e automatici nonostante le istruzioni dell'esaminatore. Una prova che valuta una situazione particolare di interferenza è lo *Stroop test* (Stroop, 1935), in cui il paziente deve inibire la lettura automatica delle parole. Sono disponibili in lingua italiana diverse versioni cartacee (Venturini et al., 1983; Barbarotto et al., 1998; Caffarra et al., 2002) e una computerizzata (Barbarotto et al., 1998) del test.

In queste e altre prove che valutano processi cognitivi di categorizzazione, flessibilità, inibizione di risposte interferenti e pianificazione, i pazienti con MP ottengono generalmente prestazioni al di sotto del range di normalità, mostrando un pattern di prestazione simile a quello esibito da pazienti con lesioni che coinvolgono la corteccia prefrontale (Dubois e Pillon, 1997).

È da sottolineare il tentativo, da parte di alcuni Autori, di assemblare in un'unica batteria diversi test con i quali valutare le funzioni esecutive nella loro globalità. Un esempio è la *Frontal Assessment Battery* (FAB) (Dubois et al., 2000), che propone 6 subtest per la valutazione di alcune abilità cognitive controllate dai lobi frontali come la classificazione, la flessibilità mentale, la programmazione motoria, la sensibilità all'interferenza, il controllo inibitorio e l'autonomia ambientale. È interessante notare che alcune delle prove che compongono la FAB sembrano essere sensibili al danno di porzioni diverse dei lobi frontali; in particolare, basse prestazioni al test di classificazione sono associate a un danno delle aree dorso-laterali, una bassa fluenza verbale si osserva in pazienti con lesione delle aree mesiali, mentre un ridotto controllo motorio inibitorio è in relazione a una sofferenza delle aree orbitali e mesiali (Dubois et al., 2000).

La sindrome disesecutiva non è sempre diagnosticabile solo sulla base di una valutazione neuropsicologica. In alcuni pazienti, infatti, i risultati ai test possono essere nella norma nonostante un'evidente difficoltà da parte del paziente ad affrontare problematiche quotidiane. Nasce da questa osservazione la *Behavioural Assessment of the Dysexecutive Sindrome* (BADS) (Wilson et al., 1996), per la valutazione dei disturbi comportamentali in pazienti con Sindrome Disesecutiva. La peculiarità di questo strumento è che ogni singolo sub-test da cui la batteria è composta cerca di riprodurre situazioni e problematiche che si incontrano nella vita di tutti i giorni, lasciando al paziente libertà di decidere come organizzare il compito. Per la sua particolare struttura, la BADS si è dimostrata utile nell'evidenziare un ampio range di deficit esecutivi, riducendo al minimo le interferenze dovute alla mancata comprensione o ricordo delle regole da seguire. Alla batteria di test è associato un questionario sulle abilità esecutive (DEX), da somministrare sia al paziente che al familiare, che valuta cambiamenti sul piano emozionale, comportamentale e cognitivo.

5.2.5
Attenzione

Nel quadro dei deficit cognitivi presenti nella MP, un posto di rilievo è occupato dai disturbi attentivi che si esprimono con fluttuazioni delle capacità di concentrazione e facile distraibilità, rallentamento dei tempi di reazione durante compiti cognitivi, difficoltà a gestire simultaneamente due compiti (siano essi cognitivi o motori).

5

Negli ultimi anni è stato sottolineato il contributo dei processi esecutivi al comportamento attenzionale (van Zomeren e Brouwer, 1994). La contiguità tra i deficit delle funzioni esecutive e dell'attenzione è dimostrata anche dal fatto che alcune tra le prove attualmente utilizzate per valutare il deficit esecutivo, come ad esempio lo *Stroop* o il *Trail-Making-Test*, erano stati inizialmente concepiti come test per l'analisi dei disturbi dell'attenzione.

Tra gli strumenti attualmente a disposizione per l'analisi dei disturbi dell'attenzione nei pazienti cerebrolesi, una distinzione va fatta tra le batterie di test che si propongono di valutare le diverse componenti nelle quali la funzione attentiva è articolata (vigilanza, attenzione selettiva, sostenuta, divisa) e singoli test atti a valutare specifiche componenti attenzionali. Alla prima categoria appartiene la Batteria di *Test per l'esame dell'Attenzione* (TEA) (Zimmerman e Fimm, 1992) che copre uno spettro molto ampio di processi attenzionali. Alla seconda categoria appartengono invece numerose prove carta e matita come il *Test di Cancellazione di cifre* (Spinnler e Tognoni, 1987) nato per valutare l'attenzione selettiva nella modalità visiva nei pazienti con Morbo di Alzheimer.

Abbiamo già sottolineato come i disturbi cognitivi possano avere un forte impatto sull'autonomia funzionale dei pazienti affetti da MP e pur tuttavia essere, in alcuni casi, difficilmente evidenziabili attraverso la somministrazione di test formali.

Anche per quanto riguarda l'attenzione nasce quindi l'esigenza di creare prove che abbiano una elevata valenza ecologica, nel senso di riprodurre contesti e situazioni il più possibile simili alle normali attività quotidiane. A questo proposito ci sembra interessante proporre al lettore che fosse interessato alcune prove ecologico-funzionali per la valutazione dell'attenzione sviluppate da Robertson et al. (1994).

La batteria chiamata TAQ (*Test dell'attenzione nella vita quotidiana*) è costituita da 8 sub-test che hanno lo scopo di valutare le diverse capacità attentive. L'attenzione selettiva visiva, per esempio, viene valutata chiedendo al paziente di segnare con un pennarello, sulla mappa colorata di una città, il maggior numero possibile di stimoli target. I dati normativi sono stati raccolti su una popolazione di soggetti italiani da Cantagallo e Zoccolotti (1998).

5.2.6
Funzioni visuo-spaziali

I pazienti con MP mostrano deficit delle abilità visuo-spaziali e di elaborazione visuo-percettiva che si manifestano con difficoltà nella copia di disegni, alterata disposizione spaziale delle parole durante la scrittura e, più in generale, con una compromissione nell'integrazione delle informazioni visuo-spaziali. La presenza di disturbi motori nei pazienti con MP rende difficoltoso lo studio delle abilità spaziali per mezzo di test visuo-costruttivi. Tuttavia, la compromissione delle abilità visuo-spaziali in questi pazienti è confermata dalle prestazioni a test che non coinvolgono le abilità motorie.

La valutazione specifica dei disordini costruttivi si può effettuare attraverso prove diverse.

Tra queste, la copia di disegni è una delle prove più utilizzate. Il test per la valutazione della prassia costruttiva incluso nella batteria proposta da Spinnler e Tognoni (1987) consiste nella copia di disegni geometrici. Un'altra prova di copia di disegni è inclusa nell'MDB (Carlesimo et al., 1996). Questo test prevede sia la copia a mano libera di tre semplici disegni lineari (stella, cubo, casa), sia la copia degli stessi disegni con elementi di programmazione pre-disegnati sul foglio di test; la disponibilità di tali elementi di programmazione riduce la componente esecutiva nell'effettuazione del compito e rende il test più specifico per la valutazione dei deficit visuo-spaziali.

Il *test della figura di Rey* valuta sia le capacità visuo-costruttive (per mezzo di un test di copia) sia la memoria visuo-spaziale (attraverso un test di riproduzione differita della figura stimolo). Trattandosi non di una semplice figura geometrica, ma di una figura spazialmente complessa, il compito di copia permette di evidenziare anche i più lievi disturbi visuo-costruttivi e di indagare le procedure messe in atto dai pazienti per l'esecuzione del compito.

Il *Test dell'orologio* utilizza una prova di disegno spontaneo. La sua esecuzione coinvolge quindi non solo capacità costruttive, ma anche competenze lessicali-semantiche e immaginative e funzioni esecutive, di pianificazione e organizzazione del materiale.

Una prova che non richiede un coinvolgimento motorio e che valuta abilità visuo-percettive oltre che di ragionamento logico-deduttivo è costituita dalle *Matrici Progressive* di *Raven* (Raven, 1984). Dati normativi raccolti su una popolazione di lingua italiana sono inclusi nel lavoro di validazione della MDB.

Un test che valuta aspetti più elementari di discriminazione visiva è il *Test di giudizio sull'orientamento di linee* (Benton et al., 1978).

Sono inoltre disponibili batterie di test che valutano le abilità visuo-percettive dagli stadi più precoci a quelli cognitivamente più complessi. Il *Visual-Object and Space Perceptual tasks* (VOSP) (Warrington e James, 1991) si compone di due sezioni, una relativa ai vari stadi dell'elaborazione visuo-percettiva e una relativa ai vari stadi dell'elaborazione visuo-spaziale. La *Birmingham Object Recognition Battery* (BORB) (Riddoch e Humphreys, 1993) prende invece in considerazione sia gli aspetti percettivi che quelli semantici del processo di riconoscimento dello stimolo.

5.2.7
Memoria

Il deficit mnesico riscontrato nei pazienti parkinsoniani è in genere caratterizzato da disturbi della memoria a lungo termine dichiarativa. La compromissione riguarda in particolare la rievocazione libera delle informazioni (*free recall*) con un sostanziale miglioramento di prestazione se il paziente può usufruire di cues esterni (come nei compiti di *cued recall* e di riconoscimento). Ad essere soprattutto deficitari sono inoltre i compiti in cui è richiesta una selezione e un'elaborazione attiva del materiale in fase di codifica. I disturbi di memoria nei pazienti parkinsoniani sarebbero dovuti quindi a difficoltà strategiche (sia nei processi di codifica che di recupero) con una conseguente difficoltà a organizzare il materiale in maniera attiva, attività queste prevalentemente mediate dalle strutture frontali dell'encefalo.

Altre componenti di memoria nelle quali i pazienti con MP ottengono frequentemente prestazioni deficitarie sono la memoria di lavoro e l'apprendimento di abilità visuo-motorie. Nel primo caso, il deficit sarebbe da attribuire alla deplezione dopaminergica nelle strutture frontali o nei circuiti fronto-striatali il cui ruolo critico nel normale funzionamento della memoria di lavoro è ben noto (Owen, 2004). Nel secondo caso, il deficit sarebbe da attribuire a una disfunzione dei circuiti che coinvolgono il cervelletto, i nuclei della base e la corteccia frontale premotoria, responsabili dell'apprendimento e dell'automatizzazione di schemi motori (Owen, 2004).

In questo paragrafo verranno descritti alcuni tra i test più comunemente usati per la valutazione della memoria nei pazienti affetti da MP. Nella descrizione dei test si terrà conto della dicotomia emisferica tra memoria verbale e visuo-spaziale e della distinzione tra processi di memoria a breve termine e di lavoro, memoria a lungo termine dichiarativa e procedurale.

5.2.7.1
Memoria di lavoro verbale

Nel *Test di Span di cifre* (Digit Span), l'esaminatore legge sequenze di cifre di lunghezza crescente progressivamente da 3 a 9, una cifra al secondo. Nella versione forward del test, il soggetto deve ripetere la sequenza immediatamente dopo la presentazione e la risposta è considerata corretta se tutti gli elementi della sequenza sono stati ripetuti nell'ordine di presentazione. Nel caso in cui la ripetizione del paziente risulti errata, viene presentata una seconda sequenza di pari lunghezza. Lo span di memoria verbale è pari al numero di cifre che compongono la sequenza più lunga ripetuta correttamente dal paziente in almeno una delle due sequenze di pari lunghezza (Orsini et al., 1987).

Nel *Test di ripetizione di parole bisillabiche*, che segue la stessa consegna del test di ripetizione di cifre, vengono utilizzate parole bisillabiche per mantenere costante in ciascun item il numero dei fonemi da memorizzare (Spinnler e Tognoni, 1987).

Si ritiene che i *Test di Span* con procedura forward (che richiedono cioè che la sequenza di item venga ripetuta nello stesso ordine con cui è stata proposta) valutino principalmente la componente *loop articolatorio* della memoria di lavoro (Baddeley, 1986). Un modo per valutare il contributo della componente "esecutore centrale" della memoria di lavoro consiste nel richiedere ai pazienti di riprodurre la sequenza in ordine inverso. La differenza prestazionale tra modalità forward e backward del test potrebbe essere un buon indicatore della capacità di elaborazione e ritenzione dell'esecutore centrale. Nel nostro laboratorio è attualmente in corso la raccolta di dati per la validazione e normalizzazione del *Test di Span backward* di cifre in una popolazione di lingua italiana.

5.2.7.2
Memoria dichiarativa verbale

I test più frequentemente utilizzati per la valutazione della memoria a lungo termine dichiarativa per materiale verbale consistono nella rievocazione e/o riconoscimento di brani di prosa o di liste di parole.

Sono disponibili varie versioni in lingua italiana del *Test di Memoria di Prosa*. Quella in uso nel nostro laboratorio consiste nella rievocazione immediata e, dopo 20 minuti, di un breve racconto che viene letto al paziente una sola volta (Carlesimo et al., 2002). Questa modifica procedurale (rispetto alla versione originale proposta da Spinnler e Tognoni, 1987) è stata introdotta per consentire di valutare l'entità del decadimento prestazionale passando dalla rievocazione immediata a quella differita. Un punteggio definito gerarchico attribuisce al materiale rievocato valori diversi, in rapporto agli elementi del testo ritenuti principali e secondari e alle loro relazioni. Questa prova appare particolarmente indicata alla valutazione delle abilità mnesiche nella MP perché offre la possibilità di studiare la memorizzazione dipendente da un processo di organizzazione e gerarchizzazione del materiale (Spinnler e Tognoni, 1987).

Nel *Test di Rievocazione delle 15 parole* (Carlesimo et al., 1996), l'esaminatore legge al paziente una lista di parole prive di correlazione semantica, che il paziente deve rievocare immediatamente nell'ordine che preferisce. Questa procedura di rievocazione immediata viene ripetuta per 5 volte consecutive ed è seguita da una rievocazione differita, 15 minuti dopo l'ultima immediata, senza ulteriore rilettura della lista da parte dell'esaminatore. Si ritiene che, mentre la rievocazione differita è espressione unicamente dei processi di memoria a lungo termine episodica, la rievocazione immediata coniuga processi di memoria a breve e a lungo termine.

Un altro test di memoria per liste di parole è quello di *Apprendimento di liste di parole correlate e non correlate semanticamente* (Mauri et al., 1997). Il materiale testistico in questo caso è rappresentato da due liste di 16 parole, la prima formata da parole che non presentano una evidente relazione di tipo semantico, la seconda da parole appartenenti a 4 categorie semantiche (4 parole per ciascuna categoria). Le procedure di rievocazione immediata e differita sono analoghe a quelle del test di rievocazione di liste di parole precedentemente descritto. In aggiunta, dopo 15 minuti dalla rievocazione differita, al paziente viene somministrato un test di riconoscimento per la lista di parole con procedura sì/no. Questo test appare particolarmente indicato nella valutazione dei disturbi di memoria nella MP, dove il disturbo assume peculiarità non sempre rilevabili utilizzando prove classiche di memoria episodica in quanto permette un'analisi non solo quantitativa ma anche qualitativa dei meccanismi che stanno alla base del ricordo. Infatti, è possibile ricavare informazioni sulle capacità di apprendimento di materiale verbale non strutturato e sui processi di codifica semantica (analisi del *clustering* semantico), quantificare l'oblio dell'informazione passando dalla rievocazione immediata a quella differita e, infine, valutare i processi di recupero dell'informazione mediante il confronto tra prove di rievocazione libera e di riconoscimento.

Un ultimo test di rievocazione di liste di parole è quello proposto da Spinnler e Tognoni (1987) per l'analisi della *curva di posizione seriale*. In questo test l'esaminatore legge ad alta voce 10 diverse liste di 12 parole che il soggetto deve rievocare immediatamente. È noto che la posizione che uno stimolo occupa in una lista influenza la probabilità che questo venga successivamente rievocato. Riportando su un grafico l'accuratezza nella rievocazione delle parole in funzione della posizione che esse occupano nella lista, nei soggetti normali è possibile osservare una curva a U: le prime parole (effetto *Primacy*) e le ultime (effetto *Recency*) sono ricordate meglio di quelle che occupano la posizione centrale. Questi effetti, molto consistenti e sistematicamente osservati negli studi sperimentali, sono stati interpretati come l'espressione di due indipendenti meccanismi di memoria. L'effetto *Primacy* rappresenterebbe l'output del magazzino di memoria a lungo termine dichiarativa mentre l'effetto *Recency* sarebbe correlato a processi di memoria a breve termine. L'analisi della curva di posizione seriale costituisce, quindi, un importante strumento per valutare nei singoli pazienti l'integrità delle diverse componenti di memoria.

5.2.7.3
Memoria di lavoro visuo-spaziale

Nel test di Corsi (Orsini et al., 1987), l'esaminatore tocca con l'indice sequenze di cubetti progressivamente crescenti da due a dieci, al ritmo di un cubetto ogni due secondi. Appena terminata la dimostrazione della sequenza, l'esaminatore chiede al soggetto di riprodurla nello stesso ordine. Vengono presentate tre sequenze per ogni serie. Il punteggio è dato dalla serie più lunga di cubetti per la quale sono stati riprodotte correttamente almeno 3 sequenze.

Analogamente al test di Span di cifre, anche per il test di Corsi è prevista una versione in cui al paziente viene richiesto di riprodurre la sequenza in ordine inverso rispetto a quello proposto dall'esaminatore. La differenza nell'estensione dello Span, passando dalla riproduzione diretta a quella inversa, fornisce informazioni sulla funzionalità della componente esecutoria centrale della memoria di lavoro.

5.2.7.4
Memoria dichiarativa visuo-spaziale

Il paradigma di Corsi viene anche utilizzato per la valutazione della memoria a lungo termine dichiarativa richiedendo al soggetto di apprendere una sequenza di cubetti superiore al suo Span di memoria a breve termine. Nella versione proposta da Spinnler e Tognoni (1987), la sequenza proposta è formata da 8 cubetti e il paziente ha a disposizione 18 tentativi per apprenderla. Una riproduzione differita della stessa sequenza viene inoltre richiesta dopo 5 minuti dall'ultima riproduzione immediata. Per ogni tentativo viene calcolato un punteggio che tiene conto della probabilità che un soggetto ha di riprodurre per caso l'intera sequenza o parte di essa.

Molto utilizzato per la valutazione della memoria dichiarativa visuo-spaziale è il test di riproduzione a memoria della *Figura complessa di Rey*. Nella versione standardizzata dal nostro gruppo (Carlesimo et al., 2002), al paziente viene prima richiesto di copiare la figura e poi di riprodurla a memoria immediatamente e, di nuovo, dopo 20 minuti. In accordo con quanto proposto da Rey, il punteggio al test viene attribuito tenendo conto del numero di elementi riprodotti dal soggetto, della fedeltà della riproduzione e della correttezza della collocazione del singolo elemento rispetto agli altri. Dal confronto tra il punteggio ottenuto ai test di riproduzione immediata e differita è possibile calcolare l'entità dell'oblio.

5.2.7.5
Memoria procedurale

Non esistono, allo stato attuale, strumenti standardizzati su popolazioni di soggetti normali per la valutazione della memoria procedurale. Dati derivanti dalla letteratura neuropsicologica sperimentale suggeriscono che i pazienti con MP ottengono generalmente prestazioni nella norma a test di priming di ripetizione, come lo *Stem Completion* o il *Fragmented Picture Completation* (Bondi e Kaszniak, 1991). I pazienti con MP sono invece spesso deficitari nell'apprendimento di abilità motorie e cognitive, come evidenziato dalle prestazioni a *Test di Pursuit Rotor Tracking* (Sarazin et al., 2002) e *Mirror Reading* (Roncacci et al., 1996).

5.2.7.6
Memoria prospettica

Numerosi studi indicano la memoria prospettica come una caratteristica peculiare dei disturbi cognitivi nella MP. La memoria prospettica è la capacità di programmare e attuare azioni in un dato periodo di tempo, rispettando la loro sequenza temporale. Il buon funzionamento della memoria prospettica richiede, oltre alla capacità di organizzazione iniziale dell'agenda e alla periodica verifica delle attività già svolte e ancora da svolgere, anche la flessibilità necessaria per modificare il programma predisposto in base a variazioni impreviste e a nuove necessità. I deficit della memoria prospettica si manifestano come un'incapacità di formulare un programma ordinato di azioni e/o di rispettarlo durante il suo svolgimento. Questi soggetti dimenticano di eseguire operazioni preventivate o se ne ricordano in momenti non adatti o si apprestano a svolgere operazioni già completate in un generale disordine operativo. La rilevanza sociale e le implicazioni riabilitative di un deficit della memoria prospettica nell'ambito di una patologia come la MP sono notevoli, in quanto essa contribuisce a ridurre drasticamente l'autonomia della persona con conseguenze negative anche in termini di gestione da parte dei familiari.

Allo scopo di valutare la memoria prospettica, vengono utilizzate alcune prove che fanno parte di un'estesa batteria per la valutazione ecologica della memoria, il *Rivermead Behavioural Memory Test* (Wilson et al., 1990), una batteria che è stata strutturata per misurare abilità necessarie per un funzionamento congruo dei processi di memoria nella vita di tutti i giorni piuttosto che nelle situazioni di laboratorio. Nel subtest noto come "ricordare un effetto personale nascosto", l'esaminatore prende in prestito un effetto personale del paziente e lo nasconde. Compito del soggetto è richiedere l'effetto personale alla fine della terapia (componente prospettica) e ricordarsi dove l'esaminatore lo ha nascosto (componente retrospettiva). Nella seconda prova, detta del "ricordare un appuntamento", l'esaminatore chiede al soggetto che quando suonerà la sveglia (dopo 20 minuti) dovrà domandare quando sarà la prossima seduta.

Entrambe le prove hanno sicuramente il vantaggio di riprodurre, anche se in maniera virtuale, situazioni riscontrabili nella vita di tutti i giorni, non sempre rilevabili ai test formali.

5.2.8
Linguaggio

I disturbi linguistici nella MP sono caratterizzati principalmente da una compromissione della fluidità verbale e da difficoltà in compiti sia di comprensione che di denominazione; tali deficit sono responsabili di un impoverimento nella comunicazione con conseguenti difficoltà sul piano dell'autonomia funzionale.

I disturbi della comunicazione verbale nel paziente parkinsoniano non sembrano tuttavia riflettere un deficit primario delle funzioni linguistiche; essi sarebbero piuttosto espressione di una ridotta capacità di generare spontaneamente strategie nel contesto di una più ampia compromissione delle funzioni esecutive (Emre, 2003).

Le prove di *Fluenza Verbale* permettono una rapida ed efficiente valutazione della capacità di evocare parole in risposta a cue fonologici o semantici. Bassi punteggi a test di fluenza verbale possono essere espressione non solo di un impoverimento delle conoscenze semantico-lessicali, ma anche di una sindrome disesecutiva. La prestazione al test, infatti, implica risorse di flessibilità mentale e valuta la capacità del soggetto di generare molte risposte a partire da un unico stimolo senza ricevere ulteriori elementi informativi. In questo senso, la fluenza verbale è una prova sensibile a quelle condizioni in cui è necessario far prevalere le condotte guidate dall'intenzione rispetto alle condotte guidate da uno stimolo esterno.

Nel *Test di Fluidità Verbale fonologica,* al paziente viene richiesto di dire, in sessanta secondi, il maggior numero di parole che iniziano con la lettera "A"; è consentita qualsiasi tipo di parola con l'eccezione di nomi propri (di persona, geografici, ecc). La stessa procedura viene poi ripetuta altre due volte per parole inizianti con le lettere "F" e "S". Il punteggio al test è costituito dal numero totale di parole accettabili prodotte durante i tre trial (Carlesimo et al., 1995a).

Nel *Test di Fluidità Verbale categoriale,* al paziente viene richiesto di dire, in due minuti, il maggior numero di parole per ciascuna delle categorie: colori, animali, frutti, città. Anche in questo caso il punteggio prestazionale è dato dal numero di parole correttamente prodotte.

I test generalmente usati per valutare le capacità di denominazione fanno parte di batterie che valutano in modo esteso le abilità linguistiche, come la *Batteria per l'analisi dei deficit afasici* (Miceli et al., 1994) e l'*Esame Neuropsicologico per l'Afasia* (Capasso e Miceli, 2001). In entrambi i casi, le prove sono composte da una serie di stimoli visivi rappresentanti nomi o verbi, che il soggetto deve riprodurre oralmente.

5.3
Conclusioni

La valutazione neuropsicologica si pone come uno strumento indispensabile per una accurata caratterizzazione clinica del paziente parkinsoniano; un'approfondita valutazione dell'efficienza cognitiva è infatti divenuta parte integrante nel percorso diagnostico di questi pazienti.

Il rilievo di deficit delle funzioni cognitive aiuta infatti il clinico sia a interpretare meglio gli aspetti diagnostici che a scegliere le opportune risorse terapeutiche. È ad esempio opinione ampiamente condivisa che la precoce comparsa di deficit in alcuni ambiti cognitivi (memoria prospettica, funzioni esecutive, attenzione) è predittiva non solo dell'adattamento funzionale di questi pazienti, ma anche della successiva possibile evoluzione verso una demenza.

Nell'illustrare i principali strumenti utilizzati in neuropsicologia clinica, è stato dato risalto, oltre che ai test formali, anche a strumenti con un valore ecologico-funzionale, con lo scopo di fornire indicazioni sulla disabilità e quindi sulle difficoltà che il paziente parkinsoniano incontra nello svolgimento delle normali attività quotidiane. I pazienti affetti da tale patologia infatti presentano a volte quadri cognitivi di difficile interpretazione in quanto le funzioni cognitive possono risultare nella norma nel contesto di evidenti difficoltà ad affrontare problematiche quotidiane.

È bene quindi che a una valutazione sulla base di test, fondata sulle acquisizioni della neuropsicologia cognitiva, si affianchi un'analisi rigorosa del quadro cognitivo-comportamentale per mettere il clinico in condizioni di fronteggiare in modo flessibile la situazione del singolo paziente.

Bibliografia

Baddeley AD (1986) Working Memory. Clarendon Press, Oxford

Barbarotto R, Laiacona M, Frosio R et al (1998) A normative study on visual reaction times and two Stroop colour-word tests. It J Sci 19:161-170

Benton AL, Varney NR, Hamsher K (1978) Visuospatial judgement: a clinical test. Arch Neurol (Chicago) 35: 364-367

Bondi MW, Kaszniak AW (1991) Implicit and explicit memory in Alzheimer's disease and Parkinson's disease. J Clin Exp Neuropsychol 13:339-358

Brazzelli M, Capitani E, Della Sala S et al (1994) A neuropsychological instrument adding to the description of patients with suspected cortical dementia: the Milan Overall Dementia Assessment. J Neurol Neurosurg Psychiatr 57:1510-1517

Caffarra P, Vezzadini G, Dieci F et al (2002) Una versione abbreviata del test di Stroop: dati normativi nella popolazione italiana. Riv Neurol 12:111-115

Caffarra P, Vezzadini G, Dieci F et al (2004) Modified Card Sorting Test: normative data. J Clin Exp Neuropsychol 26:246-250

Calabresi P, Picconi B, Parnetti L, Di Filippo M (2006) A convergent model for cognitive dysfunctions in Parkinson's disease: the critical dopamine-acetylcholine synaptic balance. [Review]. Lancet Neurol 5:974-983

Caltagirone C, Carlesimo GA, Nocentini U, Vicari S (1989) Differential aspects of cognitive impairment in patient suffering from Parkionson's and Alzheimer's disease: A neuropsychological evalutation. Int J Neurosci 44:1-7

Caltagirone C, Gainotti G, Carlesimo GA, Parnetti L (1995) Batteria per la valutazione del Deterioramento Mentale (parte I): dDescrizione di uno strumento per la diagnosi neuropsicologica. Arch Psicol Neurol Psichiatr 55:461-470

Cantagallo A, Zoccolotti P (1998) Il Test dell'Attenzione nella vita Quotidiana (TAQ): contributo alla standardizzazione italiana. Rassegna Psicol 15:137-147

Cantagallo A, Zoccolotti P (2007) Diagnosi dei disturbi attenzionali e delle funzioni esecutive. In: Carlomagno S (ed) La valutazione del deficit neuropsicologico nell'adulto cerebroleso, 2ª rd edn. Elsevier Masson, Milano

Capasso R, Miceli G (2001) Esame Neuropsicologico per l'Afasia. E.N.P.A. Metodologie riabilitative in logopedia. Springer-Verlag Italia, Milano

Carlesimo G A, Caltagirone C, Gainotti G (1996) and the group for the standardization of the Mental Deterioration Battery. The Mental Deterioration Battery: Normative data,diagnostic reliability and qualitative analyses of cognitive impairment. Eur Neurol 36:378-384

Carlesimo G. A, Buccione I, Fadda L et al (2002) Standardizzazione di due test di memoria: Breve Racconto e Figura di Rey. Nuova Riv Neurol 12:1-13

Carlesimo GA, Caltagirone C, Fadda L et al (1995b) Batteria per la valutazione del Deterioramento Mentale (parte III): analisi dei profili qualitativi di compromissione cognitiva. Arch Psicol Neurol Psichiatr 56:489-502

Carlesimo GA, Caltagirone C, Gainotti G et al (1995a) Batteria per la valutazione del Deterioramento Mentale (parte II): standardizzazione e affidabilità diagnostica nell'identificazione di pazienti affetti da sindrome demenziale. Arch Psicol Neurol Psichiatr 56 471-488

Dubois B, Pillon B (1997) Cognitive deficits in Parkinson's disease. J Neurol 244:2-8

Dubois B, Slachevsky A, Litvan I et al (2000) The FAB: Frontal Assessment Battery at bed side. Neurology 55:1621-1626

Emre M (2003) Dementia associated with Parkinson's disease. Lancet Neurol l2:229-27

Folstein MF, Folstein SE, Mchugh PR (1975) "Mini-Mental State". A practical method for grading the cognitive state of patients for the clinicial. J Psychiatr Res 12:189-198

Giovagnoli AR, Del Pesce M, Mascheroni S et al (1996) Trail Making test: normative values from 287 normal adult controls. Ital J Neurol Sci 17:305-309

Girotti F, Soliveri P, Carella F et al (1988) Dementia and cognitive impairment in Parkinson's disease. J Neurol Neurosurg Psychiatr 51:1498-1502

Grossi D e Trojano L (2005) Neuropsicologia dei lobi frontali. Il Mulino, Bologna

Grossi D, Trojano L (2002) Lineamenti di Neuropsicologia Clinica. Carocci, Roma

Laiacona M, Inzaghi MG, De Tanti A et al (2000) Wisconsin Card Sorting Test: a new global score, with Italian norms, and its relationship with the Weigl sorting test. Neurol Sci 21:279-291

Mauri M, Carlesimo GA, Graceffa AMS et al (1997) Standardizzazione di due nuovi test di memoria: apprendimento di liste di parole correlate e non correlate semanticamente. Arch Psicol Neurol Psichiatr 58:621-645

Miceli G, Laudanna A, Burani C et al (1994) Batteria per l'analisi dei deficit afasici. BADA, CEP-SAG, Università Cattolica del Sacro Cuore, Roma

Milner B, Corkin S, Teuber HL (1968) Further Analysis of the Hippocampal Amnesic Syndrome 14 Years Follow the Study of HM. Neuropsychologia 6:215-234

Nelson HE (1976) A modified card sorting test sensitive to frontal lobe defects. Cortex 12:313-324.

Nocentini U, Di Vincenzo S, Panella M et al (2002). La valutazione delle funzioni esecutive nella pratica neuropsicologica; dal Modified Card Sorting Test al Modified Card Sorting Test-Roma Version. Dati di standardizzazione. Nuova Riv Neurol 12:13-24

Orsini A, Grossi D, Capitani E et al (1987) Verbal and spatial immediate memory span. Normative data from 1355 adults and 1112 children. J Neurol Sci 8:539-548

Owen AM (2004) Cognitive dysfunction in Parkinson's disease: the role of frontostriatal circuitry The Neuroscientist 10:527-537

Padovani A, Costanzi C, Gilberti N, Borroni B (2006) Parkinson's disease and dementia. Neurol Sci. 27 Suppl 1: S40-3

Raven JC (1984) Manuale di istruzione delle Matrici Progressive Colore. Organizzazioni Speciali, Firenze

Rezai K, Andreasen NC, Alliger R et al (1993) The Neuropsychology of prefrontal cortex. Arch Neurol 50:630-642

Riddoch MJ e Humphreys GW (1993) BORB. Birmingham Object Recognition Battery. Lawrence Erlbaum Associates Publisher. Hove, UK

Robertson I, Ward T, Ridgeway V, Nimmo-Smith I (1994) The Test of everyday attention. Bury St. Edmunds: Thames Valley Test Company

Roncacci S, Troisi E, Carlesimo GA, Caltagirone C (1996) Implicit memory in Parkinsonian patients: Evidence for deficient skill learning. Eur Neurol 36:154-159

Sarazin M, Deweer B, Merkl A et al (2002) Procedural learning and striatofrontal dysfunction in Parkinson's disease. Mov Disord 17:265-273

Shallice T (1982) Specific Impairments of Planning. In: Broadbent DE, e Weiskrantz L (eds). The neuropsychology of cognitive function. Phylosophical Transactions of the Royal Society, London

Spinnler H, Tognoni G (1987) Standardizzazione e taratura di test neuropsicologici. Gruppo Italiano per lo studio Neuropsicologico dell'Invecchiamento. It J Neurol Sci, Suppl. 8 to 6

Stroop JR (1935) Studies of interference in serial verbal reactions. J Exp Psychol 18:643-662

Van Zomeren AH, Brouwer WM (1994) Clinical neuropsychology of attention. Oxford University Press. Oxford (UK)

Venturini R, Lombardo. Radice M et al (1983) Il "Color-word test" o test di Stroop. Organizzazioni Speciali, Firenze

Warrington E, James M (1991) Vosp,The visual Object and Space Perception Battery. Thames Valley Test Company: Suffolk, UK

Wilson B, Cockburn J, Baddeley AD (1990) RBMT- Test di memoria comportamentale di Rivermead (ed. Italiana a cura di Della Sala S) Organizzazioni Speciali, Firenze

Wilson BA, Alderman N, Burgess PW et al (1996) Behavioural assessment of the dysexecutive syndrome. Thames Valley Test Company: Bury St. Edmunds (UK)

Zimmerman P, Fimm B (1992) Test batterie zur Aufmerksamkeitsprufung (TAP). Freiburg: Psytest. (Ed. italiana: Batteria di Test per l'esame dell'attenzione (Tea) 1994. Edizioni Erre, Roma

M. Di Filippo, P. Calabresi

6.1
Introduzione

Quasi 200 anni fa, James Parkinson descrisse per la prima volta la malattia che porta tuttora il suo nome e che rappresenta uno dei più comuni e diffusi disordini su base neurodegenerativa (Parkinson, 1817).

Sin dalla sua prima descrizione, Parkinson attribuì un ruolo centrale nella caratterizzazione sintomatologica della patologia ai disturbi motori, rappresentati primariamente da tremore a riposo, rigidità, instabilità posturale e bradicinesia (Lang e Lozano, 1998a; 1998b). Al contrario, la presenza nel quadro sintomatologico dei pazienti affetti da malattia di Parkinson (MP) di deficit cognitivi è stata a lungo ignorata e lo stesso Parkinson, riferendosi nella sua prima descrizione al relativo risparmio delle funzioni cognitive nei pazienti affetti da tale condizione patologica, scriveva *"the senses and intellects being uninjured"* (Parkinson, 1817).

Negli ultimi anni, invece, crescente attenzione è stata dedicata allo studio degli aspetti non-motori della malattia, capaci spesso di influire in maniera determinante sulla qualità di vita dei pazienti affetti da MP. In particolare, lo studio degli aspetti cognitivi della patologia ha portato a riconoscere che una cospicua percentuale di pazienti presenta deficit cognitivi, in alcuni casi a carico solo di particolari domini, in altri di entità tale da configurare una diagnosi di demenza (Emre, 2003a; 2003b).

Dallo studio di tale condizione sono emersi vari fattori di rischio per lo sviluppo di demenza in corso di MP quali a) l'età avanzata (Hietanen e Teräväinen, 1988; Mayeux et al., 1992), b) la presenza di una severa sintomatologia motoria (Marder et al., 1995), c) la coesistenza di sintomatologia depressiva (Starkstein et al., 1992) e d) lo sviluppo precoce di psicosi o stato confusionale legato alla terapia con L-DOPA (Stern et al., 1993).

R. Calabresi (✉)
Clinica Neurologica, Università degli Studi di Perugia, Perugia
IRCCS Fondazione S. Lucia, Roma

Malattia di Parkinson e parkinsonismi. Alberto Costa, Carlo Caltagirone (a cura di)
© Springer-Verlag Italia 2009

Lo studio delle caratteristiche dei deficit cognitivi ha mostrato che la demenza associata alla MP è primariamente rappresentata da una sindrome disesecutiva associata a deficit attentivi e a carico della memoria visuospaziale e della working memory e che si accompagna ad alterazioni comportamentali e della personalità (Pillon et al., 1986; Litvan et al., 1991; Pillon et al., 1991).

Nonostante tali progressi nell'epidemiologia e nella diagnosi dei disturbi cognitivi associati alla MP, le basi neurobiologiche di tali deficit sono ancora lontane dall'essere pienamente comprese ed è possibile solo avanzare ipotesi basate prevalentemente sugli studi che hanno indagato gli aspetti motori della malattia.

La patogenesi della MP è interpretata allo stato attuale come il risultato di un complesso puzzle di genetica, fattori tossico-ambientali e fattori legati all'invecchiamento cerebrale (Lang e Lozano, 1998a; 1998b).

L'identificazione, nell'ultimo decennio, di singoli geni legati allo sviluppo di forme ereditarie di parkinsonismo ha rivoluzionato la visione precedente che riconosceva soprattutto fattori tossico-ambientali nella patogenesi della malattia e ha posto le basi per futuri studi (Klein e Schlossmacher, 2007).

Le basi dell'ipotesi tossico-ambientale della malattia derivavano invece da osservazioni epidemiologiche e dall'evidenza dello sviluppo in soggetti esposti a particolari neurotossine, come l'MPTP, di quadri sintomatologici assolutamente simili alla MP idiopatica (Langston et al., 1983).

La due principali caratteristiche neuropatologiche della MP sono rappresentate dalla progressiva e profonda perdita dei neuroni dopaminergici neuromelanina-positivi della *substantia nigra pars compacta* (SNpc) mesencefalica e dalla presenza, nei neuroni, di inclusioni eosinofile intracitoplasmatiche, i cosiddetti corpi di Lewy (Lang e Lozano, 1998a; 1998b).

La degenerazione dei neuroni dopaminergici della SNpc influenza profondamente la fisiologica attività dello striato, ovvero la struttura dei nuclei della base cui la sostanza nera proietta (Smith e Kieval, 2000). Lo striato è considerato a sua volta una struttura essenziale nel circuito dei nuclei della base ricevendo input da numerose aree corticali e quindi rappresentando la "stazione d'entrata" del circuito neuronale di cui fa parte (Cummings, 1993).

Lo striato è composto da varie popolazioni neuronali. La maggior parte dei neuroni striatali è rappresentata da neuroni di proiezione GABAergici, mentre una percentuale minore è rappresentata da interneuroni, tra cui interneuroni colinergici che forniscono la maggior parte degli input colinergici allo striato (Kawaguchi et al., 1995).

I neuroni di proiezione striatali, la cui attività è strettamente dipendente dall'effetto modulante della dopamina rilasciata dalla SNpc, proiettano alle strutture output dei nuclei della base tramite due vie: a) un via diretta direttamente alla *substantia nigra pars reticulata* (SNpr) e al globo pallido interno e b) una via indiretta che influenza invece l'attività del nucleo subtalamico e del globo pallido esterno. Il circuito continua poi nel talamo e da questo di nuovo alla corteccia completando un percorso cortico-striato-pallido-talamo-corticale che si ritiene essere la base fisiologica dell'apprendimento motorio e di alcune essenziali funzioni cognitive (Cummings, 1993).

Resta dunque facile ipotizzare che, in concomitanza con uno stato di denervazione dopaminergica striatale, le possibilità del circuito dei nuclei della base di portare avanti la fisiologica attività in ambito motorio e cognitivo risulti compromessa.

Nonostante però il deficit dopaminergico secondario alla degenerazione dei neuroni della SNpc rappresenti il correlato neurochimico meglio studiato e definito durante la MP, altri fattori possono rappresentare potenzialmente la base dello sviluppo del quadro cognitivo legato alla patologia. In particolare, altri deficit neurochimici, a carico del *signaling* colinergico e di altri sistemi monoaminergici ascendenti sembrano giocare un ruolo importante così come alcuni correlati neuropatologici e alcune alterazioni funzionali nel circuito frontostriatale (Emre, 2003; 2004).

Infine, un ruolo di essenziale importanza è probabilmente giocato dalla presenza di alterazioni della plasticità sinaptica, che rappresenta la base molecolare dei processi mnesici e che è stato dimostrato essere alterata durante la MP a livello di diverse strutture neuronali (Calabresi et al., 2006; 2007).

Dall'insieme delle ipotesi patogenetiche e considerando il ruolo centrale della plasticità sinaptica, è possibile proporre un'"ipotesi convergente" (Calabresi et al., 2006), capace di integrare il ruolo delle alterazioni neurochimiche, neuropatologiche e funzionali e di spiegare, almeno in parte, lo sviluppo dei deficit cognitivi che caratterizzano tale condizione patologica e che influenzano profondamente la qualità di vita del paziente affetto da MP e dei suoi familiari e *care-givers*.

6.2
Correlati neurochimici dei deficit cognitivi nella malattia di Parkinson

6.2.1
Deficit dopaminergici

Come accennato, il deficit dopaminergico rappresenta la caratteristica essenziale e più studiata della MP nonché la condizione alla base dell'efficacia della maggior parte delle terapie attualmente utilizzate contro i sintomi motori della malattia, rappresentate primariamente dal precursore della dopamina, L-DOPA e da farmaci capaci di agire direttamente come agonisti di recettori della dopamina (Lang e Lozano, 1998a; 1998b).

È stato dunque proposto inizialmente che la base neurochimica dei deficit cognitivi associati alla MP potesse essere rappresentata dallo stesso deficit dopaminergico sottocorticale capace di causare la sintomatologica motoria (Mortimer et al., 1982).

Succesivamente, una più profonda analisi dei correlati cognitivo-motori in corso di MP ha invece mostrato che le disfunzioni cognitive correlano in maniera più stretta con quei disturbi motori noti per rispondere poco o per nulla alla terapia dopaminergica sostitutiva, come i disturbi dell'andatura, della postura e la disartria, suggerendo che un ruolo essenziale possa essere giocato dalla degenerazione di sistemi non dopaminergici (Pillon et al., 1989).

Inoltre non sono state dimostrate differenze nel grado di denervazione dopaminergica striatale tra pazienti affetti da MP con demenza e pazienti senza demenza (Emre et al., 2003).

Resta comunque qualche evidenza a favore di un potenziale ruolo del deficit dopaminergico come a) la relazione esistente tra la concentrazione di dopamina in aree neocorticali e la presenza di deficit cognitivi (Scatton et al., 1983), b) la correlazione tra performance cognitive e concentrazione plasmatica di dopamina (Huber et al., 1987) e c) la presenza di deficit cognitivi in soggetti giovani affetti da parkinsonismo secondario a intossicazione da MPTP (Stern et al., 1990) in cui, teoricamente, soprattutto il sistema dopaminergico dovrebbe essere coinvolto.

In ogni caso, l'evidenza che la terapia sostitutiva dopaminergica influenza sostanzialmente solo i deficit motori ma non migliora il quadro cognitivo della malattia suggerisce che il sistema dopaminergico giochi un ruolo non centrale nella patogenesi della demenza associata a MP o che, in alternativa, giochi un ruolo "complementare" a quello di un altro sistema neurotrasmettitoriale.

6.2.2
Deficit colinergici

Esistono attualmente numerose evidenze che alterazioni nella trasmissione colinergica contribuiscano attivamente allo sviluppo dei deficit cognitivi durante la MP. Una condizione caratterizzata da una severa perdita neuronale a livello del nucleo basale di Meynert, principale punto di partenza sottocorticale delle vie colinergiche destinate all'innervazione corticale, è stata rilevata in pazienti affetti da MP e correlata con il livello di deficit cognitivo o con la presenza di demenza (Dubois et al., 1983; Whitehouse et al., 1983; Perry et al., 1985).

Oltre alla perdita neuronale nel nucleo di Meynert, altre evidenze sembrano sostenere l'ipotesi di un ruolo giocato dal sistema colinergico, come la presenza di alterazioni diffuse sia a livello corticale che sottocorticale nei recettori, sia muscarinici che nicotinici, dell'acetilcolina e la capacità dimostrata di alcuni farmaci anticolinergici di indurre deficit cognitivi in pazienti affetti da MP, ma non in controlli sani, suggerendo la presenza di un deficit colinergico sottosoglia facilmente scompensabile (Dubois et al., 1987).

I deficit colinergici, valutati a livello corticale nei pazienti affetti da MP includono la riduzione dell'attività della colina acetiltransferasi (Tiraboschi et al., 2000) e una sostanziale riduzione del *binding* dei recettori nicotinici. In particolare, in corso di MP, una riduzione dei recettori nicotinici è stata dimostrata a livello della corteccia e in diverse strutture dei gangli della base come lo striato, in cui però rappresenta anche la conseguenza della perdita dei terminali dopaminergici sui quali tali recettori sono espressi (Rinne et al., 1991; Pimlott et al., 2004).

L'effetto della malattia sullo stato dei recettori muscarinici è invece meno chiaro, con studi che descrivono un incremento di tali recettori a livello della corteccia frontale, possibile espressione di una *upregulation* recettoriale conseguente a denervazione colinergica, e altri che riportano valori diminuiti o immodificati a livello del nucleo caudato (Ahlskoget et al., 1991; Lange et al., 1993). La perdita di innervazione colinergica diretta al lobo frontale potrebbe essere alla base dell'alterazione dei processi attentivi dipendenti dal lobo frontale descritta nei pazienti affetti da MP (Stam et al., 1993).

6.2.3
Deficit monoaminergici

Il potenziale coinvolgimento di altri sistemi monoaminergici ascendenti come il sistema noradrenergico e il sistema serotoninergico è stato anche preso in considerazione quale causa potenziale del quadro cognitivo della MP. Il *locus coeruleus* è coinvolto nel processo neurodegenerativo durante la MP e la perdita neuronale a questo livello e la concomitante deplezione noradrenergica sono più severe nei pazienti affetti da MP associata a deterioramento cognitivo (Cash et al., 1987).

In corso di MP, inoltre, bassi livelli di norepinefrina sono stati dimostrati nell'ippocampo e nella neocorteccia dei pazienti affetti (Scatton et al., 1983) e il punteggio ottenuto da pazienti parkinsoniani in test attentivi è correlato con le concentrazioni di MHPG, un metabolita della norepinefrina, nel liquido cefalorachidiano (Stern et al., 1984). Inoltre, in due piccoli studi clinici è stato notato un miglioramento di attenzione e memoria spaziale in risposta alla somministrazione di agonisti adrenergici α_1 e α_2 in pazienti non dementi affetti da MP (Emre et al., 2003).

Per quanto riguarda il potenziale coinvolgimento del sistema serotoninergico, è stata dimostrata, in corso di MP, una significativa perdita neuronale a livello dei nuclei del raphe e ridotte concentrazioni di serotonina nel complesso striatopallidale e in varie aree corticali, in particolare nell'ippocampo e nella corteccia frontale (Scatton et al., 1983).

6.2.4
Modello parallelo

In accordo con le evidenze citate in precedenza, è possibile ipotizzare che tutti i deficit neurochimici citati, a carico dei sistemi dopaminergico, colinergico, noradrenergico e serotoninergico, possano sostanzialmente contribuire alla patogenesi dei disturbi cognitivi associati alla MP. In particolare, è stato proposto un modello in cui a ogni singolo deficit neurotrasmettitoriale viene affiancato un particolare sintomo del quadro cognitivo-comportamentale (Emre et al., 2003).

In accordo a tale ipotesi, i deficit dopaminergici sarebbero responsabili in parte dei deficit nelle funzioni esecutive, i deficit colinergici dei deficit attentivi, di memoria e dei deficit del lobo frontale e i deficit noradrenergici e serotoninergici, rispettivamente dei deficit attentivi e della sintomatologia depressiva spesso manifestata dai pazienti (Fig. 6.1).

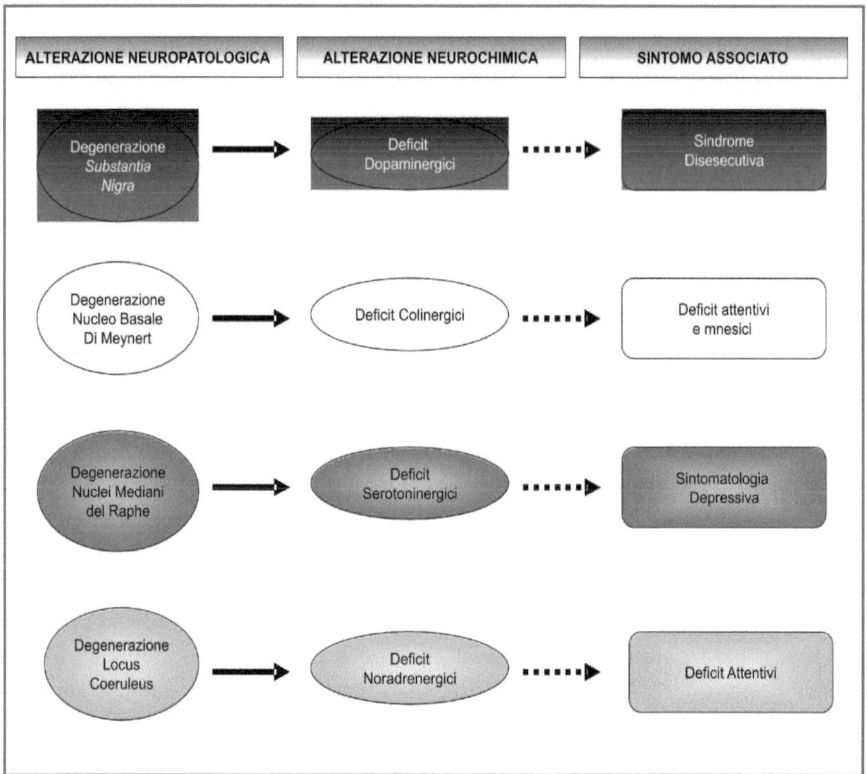

Fig. 6.1 Il "modello parallelo". Tutti i deficit neurochimici descritti in corso di MP, a carico dei sistemi dopaminergico, colinergico, noradrenergico e serotoninergico contribuiscono alla patogenesi dei disturbi cognitivi associati alla MP. In particolare il modello ipotizza che a ogni singolo deficit neurotrasmettitoriale risulti conseguentemente associato un particolare sintomo del quadro cognitivo-comportamentale

6.3
Correlazioni clinico-patologiche

Le alterazioni neuropatologiche alla base dei deficit cognitivi in corso di MP sono state e sono tuttora materia di controversie sia in termini di tipo di patologia che in termini di aree cerebrali coinvolte. I dubbi sono dovuti a differenze metodologiche negli studi di neuropatologia che includono l'utilizzo di diversi criteri diagnostici (in particolare nella differenziazione con la DLB), la natura retrospettiva della diagnosi clinica e l'utilizzo di differenti metodiche di *staining* (Emre et al., 2003).

In generale, gli studi che hanno approfondito il tema dell'associazione clinico-patologica in corso di demenza associata a MP hanno permesso di creare una classificazione in tre grandi gruppi delle condizioni patologiche potenzialmente legate allo sviluppo di demenza: a) presenza di alterazioni patologiche in sede sottocorticale,

b) presenza di degenerazione a tipo corpi di Lewy in sede limbica o corticale e c) presenza di un coesistente quadro neuropatologico a tipo malattia di Alzheimer (*Alzheimer's Disease*, AD) (Emre et al., 2003).

Dal momento che la perdita di neuroni dopaminergici rappresenta la caratteristica neuropatologica maggiormente riconosciuta della MP, la possibilità che questa sia anche alla base dei disturbi cognitivi è stata presa in considerazione, soprattutto dopo l'osservazione che la perdita neuronale nella SN mediale era direttamente associata con lo sviluppo di demenza (Rinne et al., 1989).

Contro tale possibilità è invece l'evidenza che una buona parte dei pazienti, specialmente i più giovani, non mostrano alcun evidente deficit cognitivo, nonostante la presenza di marcati deficit motori (Emre et al., 2003).

C'è anche da tenere in considerazione che il termine patologia "sottocorticale" non riguarda solo la presenza della perdita neuronale nella SN, ma anche in altri importanti nuclei neuronali, punto di partenza delle vie colinergiche e noradrenergiche come, ad esempio il nucleo basale di Meynert e il locus coeruleus.

Come accennato, un secondo gruppo di studi suggerisce invece che la base dello sviluppo della demenza in corso di MP sia rappresentata dalla presenza di alterazioni neuropatologiche tipo corpi di Lewy a livello corticale e limbico e non solo a livello sottocorticale (Emre et al., 2003).

Tale ipotesi nasce da diverse osservazioni tutte a favore di una correlazione diretta, indipendente dalla coesistenza di alterazioni neuropatologiche tipo AD, tra presenza di corpi di Lewy in sede corticale, soprattutto in regione frontale, e deficit cognitivi (Mattila et al., 2000).

In conclusione, la presenza di alterazioni patologiche sottocorticali (perdita neuronale a livello di SN, nucleo di Meynert, locus coeruleus), corticali (corpi di Lewy) e a tipo AD (depositi amiloidei) è stata più volte messa in associazione con lo sviluppo di demenza. L'ipotesi più verosimile, da questo punto di vista, è che non una sola, ma tutte e tre le alterazioni descritte possano contribuire in maniera convergente, soprattutto se contemporaneamente presenti, allo sviluppo delle alterazioni cognitive.

6.4
Ruolo della plasticità sinaptica

Nonostante diversi studi, come descritto in precedenza, abbiano investigato la presenza di associazioni causali tra alterazioni neurochimiche e neuropatologiche e deficit cognitivi in corso di MP, una visione complessiva delle basi neurobiologiche di tali disturbi è ancora solo ipotizzabile.

Un ruolo sempre più essenziale nella ricerca delle cause dei deficit cognitivi e motori che caratterizzano la MP è attribuito alle alterazioni della plasticità sinaptica descritte in corso di tale patologia (Calabresi et al., 2006).

Una delle più importanti e affascinanti proprietà sinaptiche è infatti rappresentata dalla possibilità esercitata dall'attività neuronale generata da un'esperienza di modifica delle funzioni di un circuito. Il risultato di tale fisiologica modifica è rappresentato da un potenziamento o da una depressione a lungo termine dell'attività sinaptica, denominate, rispettivamente, *Long Term Potentiation* (LTP) e *Long Term Depression* (LTD) (Malenka e Bear, 2004).

Tali forme di plasticità sinaptica sono considerate la base molecolare tramite la quale il cervello trasforma esperienze passeggere in tracce mnesiche persistenti.

L'ipotesi che nuove informazioni vengano immagazzinate a seguito di una modifica delle risposte sinaptiche secondarie all'attività neuronale fu avanzata più di 100 anni fa da Santiago Ramon y Cajal ed è stata successivamente sviluppata negli anni '40 da Donald Hebb che formulò l'ipotesi che memorie associative vengano formate a livello cerebrale a seguito di un processo di modificazioni sinaptiche conseguente a due eventi co-incidenti, rappresentati da attività presinaptica e *firing* post-sinaptico.

Negli anni '70, Bliss e colleghi dimostrarono che l'attivazione ripetitiva delle sinapsi eccitatorie a livello ippocampale risultava in un potenziamento a lungo termine dell'attività sinaptica stessa capace di persistere per ore e/o settimane denominato, appunto, LTP (Bliss e Lomo, 1973).

Da allora e nei decenni successivi un intenso sforzo scientifico ha portato a una approfondita, seppur non definitiva, caratterizzazione delle principali forme di plasticità sinaptica e dei meccanismi molecolari che la sottendono. In particolare, l'LTP a livello ippocampale, considerato il "prototipo" delle varie forme di neuroplasticità, è stato dimostrato essere dipendente dall'attivazione del recettore NMDA e dal successivo aumento delle concentrazioni intracellulari di calcio capace a sua volta di attivare numerose proteinkinasi responsabili, via processi di fosforilazione, di modificare a lungo termine l'attività della sinapsi stesse (Malenka e Bear, 2004).

In considerazione dell'importanza attribuita alla plasticità sinaptica nella modulazione e nell'immagazzinamento delle tracce mnesiche, è naturale ipotizzare che una alterazione delle principali forme di plasticità possa risultare in deficit cognitivi.

Sia l'LTP che l'LTD sono fisiologicamente espresse a livello delle sinapsi corticostriatali, dove sembrano esercitare un ruolo centrale nei processi di apprendimento motorio e nella modulazione di alcune essenziali funzioni cognitive (Calabresi et al., 1992; 2007) (Fig. 6.2).

L'LTD a livello delle sinapsi corticostriatali è espressa a seguito di una stimolazione ripetitiva ad alta frequenza della via corticostriatale stessa ed è dipendente dalla contemporanea stimolazione di entrambi i recettori della dopamina, D1 e D2 (Calabresi et al., 1992).

Anche l'LTP è espressa a livello delle sinapsi corticostriatali ma, a differenza dell'LTD, richiede l'attivazione dei recettori NMDA del glutammato ed è primariamente dipendente dai recettori D1 della dopamina (Calabresi et al., 2007).

Le sinapsi corticostriatali non sono solo in grado di "fissare" tracce mnesiche, ma altresì di "cancellarle" tramite un processo attivo denominato depotenziamento sinaptico, che è dipendente dalla via di trasduzione del segnale innescata dalla stimolazione del recettore D1 della dopamina (Picconi et al., 2003).

In modelli sperimentali di MP ottenuti a seguito dell'iniezione monolaterale nella SN della neurotossina 6-OHDA, le sinapsi corticostriatali perdono la loro capacità di esprimere sia LTP che LTD dopo stimolazione ripetitiva (Calabresi et al., 2007).

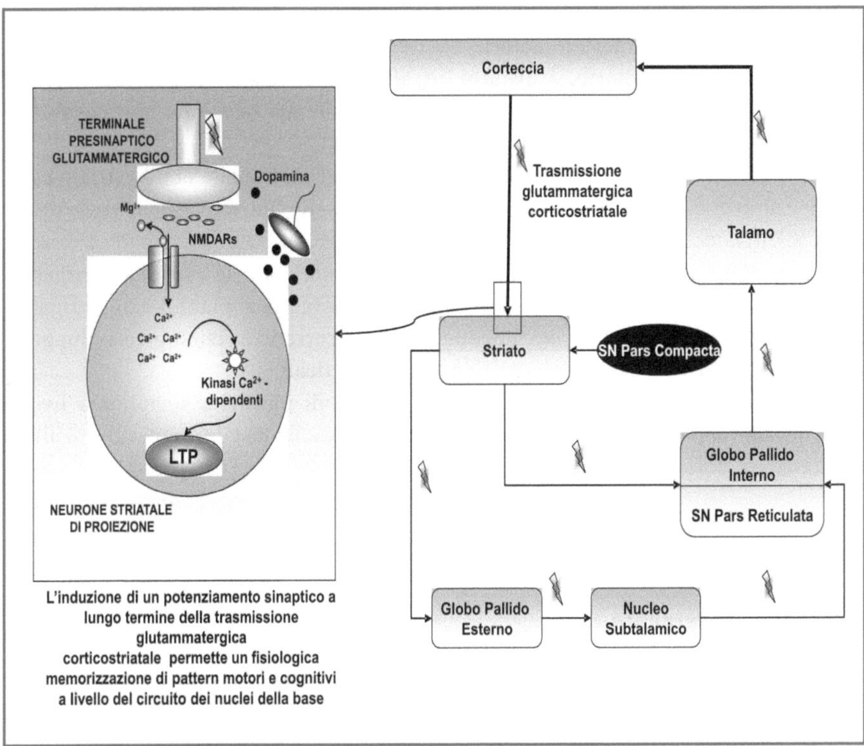

Fig. 6.2 La plasticità sinaptica corticostriatale, base molecolare dei processi cognitivi e motori nel circuito dei nuclei della base. Una delle più importanti e affascinanti proprietà sinaptiche è rappresentata dalla possibilità esercitata dall'attività neuronale generata da un'esperienza di modificare le funzioni di un circuito neurale. Il risultato di tale fisiologica modifica è rappresentato da un potenziamento o da una depressione a lungo termine dell'attività sinaptica, denominate, rispettivamente, LTP e LTD

Inoltre, in maniera assolutamente sorprendente, perdono la capacità, dopo ripetute somministrazioni di terapia dopaminergica sostitutiva con L-DOPA, non solo di "fissare" le tracce mnesiche ma anche di "cancellarle" (o se si vuole "dimenticarle") mediante un attivo depotenziamento sinaptico (Picconi et al., 2003).

La perdita del depotenziamento sinaptico, capace di risultare in una destabilizzazione del circuito neuronale, è stata correlata allo sviluppo di complicanze motorie a lungo termine della terapia dopaminergica sostitutiva.

La perdita di una fisiologica neuroplasticità è stata anche confermata nell'uomo (Morgante et al., 2006) e sembra rappresentare un buon modello capace di spiegare l'esordio dei segni motori della malattia. In condizioni fisiologiche, infatti, la possibilità di formare adeguati "circuiti neurali" a livello dei nuclei della base potrebbe sottostare alla formazione della memoria motoria.

A seguito del processo degenerativo che caratterizza la MP, la denervazione striatale dopaminergica risulta, come accennato, nella perdita di queste forme di plasticità portando a una alterazione dell'attività dell'intero circuito dei nuclei della base e quindi allo sviluppo di deficit motori.

Oltre al deficit motorio, i disturbi cognitivi manifestati dai pazienti con MP potrebbero trovare la loro base molecolare in un'alterata plasticità corticostriatale (Calabresi et al., 2006).

Infatti, il circuito neuronale che connette la corteccia frontale con lo striato esercita un ruolo di essenziale importanza nel controllo delle funzioni esecutive, le prime e più selettivamente colpite in corso di MP.

Le funzioni esecutive, che possono essere descritte come la capacità di organizzare sequenze di azioni o di formulare e mettere in atto nuovi piani d'azione finalizzati a un determinato scopo sono, dunque, legate al corretto e fisiologico sviluppo di circuiti funzionali cortico-striato-pallido-talamo-corticali.

È quindi facilmente ipotizzabile che la perdita di plasticità sinaptica a livello della prima tappa di tale circuito influenzi negativamente tale dominio cognitivo risultando in deficit clinicamente evidenti.

6.5
Il modello convergente

In accordo con le attuali ipotesi, è possibile fornire un'interpretazione della patogenesi dei disturbi cognitivi nei pazienti affetti da MP che non veda un solo responsabile, ma che comprenda tutte le evidenze sinora ottenute negli studi sperimentali e le reinterpreti nella misura in cui influiscono negativamente sulla capacità delle sinapsi di esprimere una fisiologica LTP o LTD (Calabresi et al., 2006) (Fig. 6.3).

È possibile, in sintesi, interpretare i deficit cognitivi in corso di MP come il risultato clinicamente evidente della perdita delle basi molecolari della memoria.

Tutti i deficit neurochimici elencati e presenti in corso di MP sono in grado potenzialmente di influire negativamente sulle capacità plastiche delle sinapsi eccitatorie.

Il deficit dopaminergico infatti è in grado di inibire l'induzione di un'LTP fisiologica non solo a livello delle sinapsi corticostriatali, ma anche a livello della corteccia prefrontale, dell'ippocampo e dell'amigdala, influenzando così diffusamente a livello cerebrale tale forma di plasticità (Calabresi et al., 2006).

Il circuito frontostriatale, come citato in precedenza, sottende l'organizzazione dei processi cognitivi responsabili dei comportamenti cosiddetti *goal-directed*, comprendenti processi di pianificazione motoria e cognitiva (Koechlin et al., 2002). Inoltre, l'attività striatale è cruciale durante l'acquisizione di *habits* e *skills* e allo scopo di apprendere la contingenza tra una risposta comportamentale e un *outcome* positivo o negativo (Jog et al., 1999).

Inoltre, l'attivazione sia del recettore D1 che del recettore D2 della dopamina è importante nei processi che stanno alla base della *working memory* (Castner et al., 2000; Wang et al., 2004) che, parallelamente alle funzioni esecutive, è alterata in corso di MP.

I pazienti affetti da MP mostrano particolari deficit quando i compiti proposti

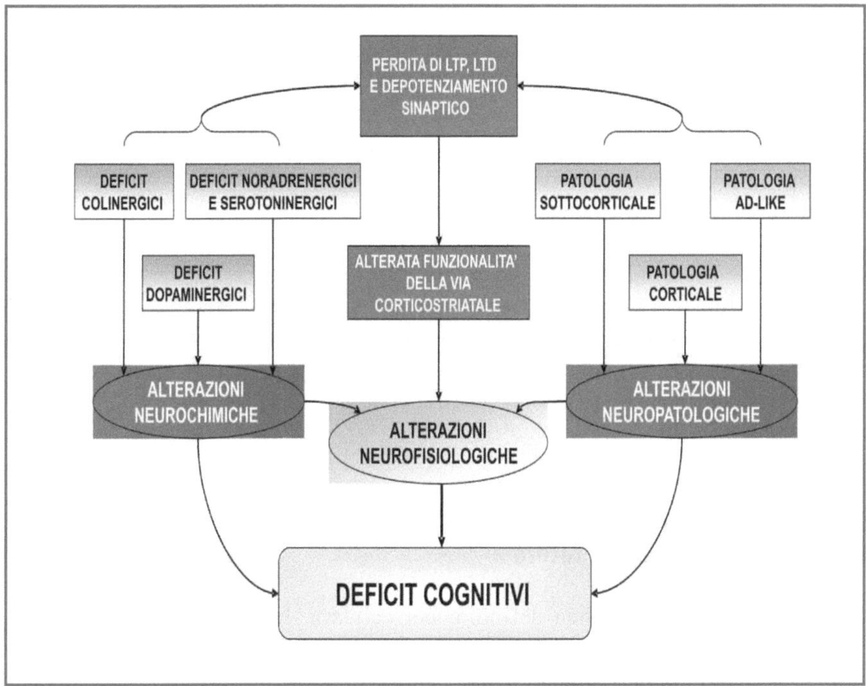

Fig. 6.3 Un "modello convergente". In accordo con tutte le recenti scoperte riguardo le alterazioni neurochimiche, neuropatologiche e funzionali associate allo sviluppo di demenza in corso di MP, è possibile ipotizzare un modello patogenetico in cui le singole alterazioni non si associno a una definita alterazione cognitiva, ma convergano portando a un'alterazione della fisiologica capacità sinaptica di conservare le tracce mnesiche acquisite e quindi a deficit cognitivi clinicamente evidenti

richiedono flessibilità cognitiva come lo shift da una sequenza precedentemente appresa ad un'altra (Cools et al., 2001). Così come il deficit nelle funzioni esecutive e i deficit nella *working memory*, anche tale alterazione sembra trovare spiegazione in un'alterata concentrazione intracorticale di dopamina (Monchi et al., 2004).

D'altra parte, non solo la dopamina ma, in maniera cruciale, altri sistemi neurotrasmettitoriali descritti come alterati in corso di MP sono coinvolti nell'induzione di LTP e LTD.

L'acetilcolina svolge un ruolo essenziale nella neuroplasticità. L'attivazione dei recettori muscarinici tipo M1 dell'acetilcolina è richiesta per l'induzione dell'LTP a livello delle sinapsi corticostriatali e la modulazione dopaminergica dell'LTD sembra essere mediata proprio dagli interneuroni striatali colinergici (Calabresi et al., 2006; Calabresi et al., 2007). I recettori nicotinici dell'acetilcolina influenzano a loro volta il rilascio di dopamina per via presinaptica e influenzano l'LTD striatale e l'induzione dell'LTP in diverse aree cerebrali importanti nei fenomeni di *reward* (Calabresi et al., 2006).

Così come a livello striatale, anche a livello dell'ippocampo l'acetilcolina esercita un ruolo chiave nella modulazione della plasticità sinaptica, con un ruolo importante esercitato dai recettori muscarinici M1 e M2 (Calabresi et al., 2006).

Non solo i processi di memorizzazione, ma anche i processi di depotenziamento sinaptico, che permettono una fisiologica rimozione delle tracce mnesiche in eccesso e quindi prevengono la destabilizzazione dei circuiti neuronali, sono dipendenti da dopamina e acetilcolina (Calabresi et al., 2007).

In accordo con tali evidenze e con l'osservazione scientifica che anche il sistema serotoninergico e noradrenergico siano implicati direttamente o indirettamente nella plasticità sinaptica, è possibile ipotizzare un modello in cui i singoli deficit neurochimici non si associno a una singola e definita alterazione cognitiva, ma convergano portando a un'alterazione della fisiologica capacità sinaptica di conservare le tracce mnesiche acquisite (Calabresi et al., 2006) (Fig. 6.3).

6.6
Conclusioni e prospettive future

Come descritto, anche se non definibili per certezza, le basi neurobiologiche del deficit cognitivo presente nei pazienti affetti da MP sembrano essere rappresentate dalla convergenza di deficit neurochimici e di alterazioni neuropatologiche.

Entrambe queste condizioni, seppure diversamente rappresentate nei singoli pazienti, sono potenzialmente in grado di portare ad alterazioni funzionali.

In particolare, le complesse alterazioni neurochimiche che caratterizzano la MP e che coinvolgono i sistemi dopaminergico, colinergico, serotoninergico e noradrenergico sono potenzialmente capaci di alterare la fisiologica capacità sinaptica di immagazzinare tracce mnesiche.

La risultante, profonda alterazione delle basi molecolari della funzione mnesica sarebbe in grado di condurre, dipendentemente dalla sede affetta, a diverse alterazioni funzionali, quali la sindrome disesecutiva o le alterazioni della *working memory*.

In particolare, la perdita della capacità delle sinapsi di esprimere le principali forme di plasticità sinaptica è stata a fondo documentata in diverse strutture neuronali in modelli sperimentali e in pazienti affetti da MP.

Dallo studio approfondito dei singoli deficit neurotrasmettitoriali e di come questi convergano alterando la memoria cellulare sarà possibile, in futuro, sviluppare composti farmacologici in grado di agire direttamente a livello sinaptico restaurando la fisiologica memoria neuronale e dunque di trattare efficacemente i deficit cognitivi nel singolo paziente.

Bibliografia

Ahlskog JE, Richelson E, Nelson A et al (1991) Reduced D2 dopamine and muscarinic cholinergic receptor densities in caudate specimens from fluctuating parkinsonian patients. Ann

Neurol 30(2):185-191

Bliss TV, Lomo T (1973) Long-lasting potentiation of synaptic transmission in the dentate area of the anaesthetized rabbit following stimulation of the perforant path. J Physiol 232(2):331-356

Calabresi P, Maj R, Pisani A et al (1992) Long-term synaptic depression in the striatum: physiological and pharmacological characterization. J Neurosci 12(11):4224-4233

Calabresi P, Picconi B, Parnetti L, Di Filippo M (2006) A convergent model for cognitive dysfunctions in Parkinson's disease: the critical dopamine-acetylcholine synaptic balance. Lancet Neurol 5(11):974-983

Calabresi P, Picconi B, Tozzi A, Di Filippo M (2007) Dopamine-mediated regulation of corticostriatal synaptic plasticity. Trends Neurosci 30(5):211-219

Cash R, Dennis T, L'Heureux R et al (1987) Parkinson's disease and dementia: norepinephrine and dopamine in locus ceruleus. Neurology 37(1):42-46

Castner SA, Williams GV, Goldman-Rakic PS (2000) Reversal of antipsychotic-induced working memory deficits by short-term dopamine D1 receptor stimulation. Science 287 (5460):2020-2022

Cools R, Barker RA, Sahakian BJ, Robbins TW (2001) Mechanisms of cognitive set flexibility in Parkinson's disease. Brain 124 (12):2503-2512

Cummings JL (1993) Frontal-subcortical circuits and human behavior. Arch Neurol 50(8):873-880

Dubois B, Danzé F, Pillon B et al (1987) Cholinergic-dependent cognitive deficits in Parkinson's disease. Ann Neurol 22(1):26-30

Dubois B, Ruberg M, Javoy-Agid F et al (1983) A subcortico-cortical cholinergic system is affected in Parkinson's disease. Brain Res 288(1-2):213-218

Emre M (2003a) Dementia associated with Parkinson's disease. Lancet Neurol 2(4):229-237

Emre M (2003b) What causes mental dysfunction in Parkinson's disease? Mov Disord Suppl 6:S63-71

Emre M (2004) Dementia in Parkinson's disease: cause and treatment. Curr Opin Neurol 17(4):399-404

Hietanen M, Teräväinen H (1988) The effect of age of disease onset on neuropsychological performance in Parkinson's disease. J Neurol Neurosurg Psychiatry 51(2):244-249

Huber SJ, Shulman HG, Paulson GW, Shuttleworth EC (1987) Fluctuations in plasma dopamine level impair memory in Parkinson's disease. Neurology 37(8):1371-1375

Jog MS, Kubota Y, Connolly CI et al (1999) Building neural representations of habits. Science 286(5445):1745-1749

Kawaguchi Y, Wilson CJ, Augood SJ, Emson PC (1995) Striatal interneurones: chemical, physiological and morphological characterization. Trends Neurosci 18(12):527-535

Klein C, Schlossmacher MG (2007) Parkinson disease, 10 years after its genetic revolution: multiple clues to a complex disorder. Neurology 69(22):2093-2104

Koechlin E, Danek A, Burnod Y, Grafman J (2002) Medial prefrontal and subcortical mechanisms underlying the acquisition of motor and cognitive action sequences in humans. Neuron 35(2):371-381

Lang AE, Lozano AM (1998a) Parkinson's disease. First of two parts. N Engl J Med 339(15):1044-1053

Lang AE, Lozano AM (1998b) Parkinson's disease. Second of two parts. N Engl J Med. 339(16):1130-1143

Lange KW, Wells FR, Jenner P, Marsden CD (1993) Altered muscarinic and nicotinic receptor densities in cortical and subcortical brain regions in Parkinson's disease. J Neurochem 60(1):197-203

Langston JW, Ballard P, Tetrud JW, Irwin I (1983) Chronic Parkinsonism in humans due to a product of meperidine-analog synthesis. Science 219(4587):979-980

Litvan I, Mohr E, Williams J et al (1991) Differential memory and executive functions in demented patients with Parkinson's and Alzheimer's disease. J Neurol Neurosurg Psychiatry 54(1):25-29

Malenka RC, Bear MF (2004) LTP and LTD: an embarrassment of riches. Neuron 44(1):5-21

Marder K, Tang MX, Cote L et al (1995) The frequency and associated risk factors for dementia in patients with Parkinson's disease. Arch Neurol 52(7):695-701

Mattila PM, Rinne JO, Helenius H et al (2000) Alpha-synuclein-immunoreactive cortical Lewy bodies are associated with cognitive impairment in Parkinson's disease. Acta Neuropathol 100(3):285-290

Mayeux R, Denaro J, Hemenegildo N et al (1992) A population-based investigation of Parkinson's disease with and without dementia. Relationship to age and gender. Arch Neurol 49(5):492-497

Monchi O, Petrides M, Doyon J et al (2004) Neural bases of set-shifting deficits in Parkinson's disease. J Neurosci 24(3):702-710

Morgante F, Espay AJ, Gunraj C et al (2006) Motor cortex plasticity in Parkinson's disease and levodopa-induced dyskinesias. Brain 129(4):1059-1069

Mortimer JA, Pirozzolo FJ, Hansch EC, Webster DD (1982) Relationship of motor symptoms to intellectual deficits in Parkinson disease. Neurology 32(2):133-137

Parkinson J (1817) An essay on the shaking palsy. London

Perry EK, Curtis M, Dick DJ et al (1985) Cholinergic correlates of cognitive impairment in Parkinson's disease:comparisons with Alzheimer's disease. J Neurol Neurosurg Psychiatry 48(5):413-21

Picconi B, Centonze D, Håkansson K et al (2003) Loss of bidirectional striatal synaptic plasticity in L-DOPA-induced dyskinesia. Nat Neurosci 6(5):501-506

Pillon B, Dubois B, Cusimano G et al (1989) Does cognitive impairment in Parkinson's disease result from non-dopaminergic lesions? J Neurol Neurosurg Psychiatry 52(2):201-206

Pillon B, Dubois B, Lhermitte F, Agid Y (1986) Heterogeneity of cognitive impairment in progressive supranuclear palsy, Parkinson's disease, and Alzheimer's disease. Neurology 36(9):1179-1185

Pillon B, Dubois B, Ploska A, Agid Y (1991) Severity and specificity of cognitive impairment in Alzheimer's, Huntington's, and Parkinson's diseases and progressive supranuclear palsy. Neurology 41(5):634-643

Pimlott SL, Piggott M, Owens J et al (2004) Nicotinic acetylcholine receptor distribution in Alzheimer's disease, dementia with Lewy bodies, Parkinson's disease, and vascular dementia: in vitro binding study using 5-[(125)i]-a-85380. Neuropsychopharmacology 29(1):108-116

Rinne JO, Myllykylä T, Lönnberg P, Marjamäki P (1991) A postmortem study of brain nicotinic receptors in Parkinson's and Alzheimer's disease. Brain Res 547(1):167-170

Rinne JO, Rummukainen J, Paljärvi L, Rinne UK (1989) Dementia in Parkinson's disease is related to neuronal loss in the medial substantia nigra. Ann Neurol 26(1):47-50

Scatton B, Javoy-Agid F, Rouquier L et al (1983). Reduction of cortical dopamine, noradrenaline, serotonin and their metabolites in Parkinson's disease. Brain Res 275(2):321-328

Smith Y, Kieval JZ (2000) Anatomy of the dopamine system in the basal ganglia. Trends Neurosci 23(10 Suppl):S28-33

Stam CJ, Visser SL, Op de Coul AA et al (1993) Disturbed frontal regulation of attention in Parkinson's disease. Brain 116 (5):1139-1158

Starkstein SE, Mayberg HS, Leiguarda R et al (1992) A prospective longitudinal study of depression, cognitive decline, and physical impairments in patients with Parkinson's disease. J Neurol Neurosurg Psychiatry 55(5):377-382

Stern Y, Marder K, Tang MX, Mayeux R (1993) Antecedent clinical features associated with dementia in Parkinson's disease. Neurology 43(9):1690-1692

Stern Y, Mayeux R, Côté L (1984) Reaction time and vigilance in Parkinson's disease. Possible role of altered norepinephrine metabolism. Arch Neurol 41(10):1086-1089

Stern Y, Tetrud JW, Martin WR et al (1990). Cognitive change following MPTP exposure. Neurology 40(2):261-264

Tiraboschi P, Hansen LA, Alford M et al (2000) Cholinergic dysfunction in diseases with Lewy bodies. Neurology 54(2):407-411

Wang M, Vijayraghavan S, Goldman-Rakic PS (2004) Selective D2 receptor actions on the functional circuitry of working memory. Science 303(5659):853-856

Whitehouse PJ, Hedreen JC, White CL 3rd, Price DL (1983) Basal forebrain neurons in the dementia of Parkinson disease. Ann Neurol 13(3):243-248

7.1
Introduzione

Il morbo di Parkinson (MP) è una malattia a carattere neurodegenerativo caratterizzata da sintomi motori extrapiramidali quali tremore, bradicinesia e rigidità. Inoltre, la MP si associa frequentemente a compromissione cognitiva e comportamentale, che si presume incrementino di circa 6 volte il rischio dei pazienti affetti da MP di sviluppare un quadro di demenza conclamata (Aarsland et al., 2001). Anche in assenza di una demenza diagnosticabile secondo i criteri del DSM-IV, la maggior parte dei pazienti con MP sviluppa una forma di decadimento cognitivo che, da un punto di vista psicometrico, è segnatamente caratterizzato da deficit delle funzioni esecutive e delle abilità visuo-spaziali (Janvin et al., 2003). Sebbene vi sia una chiara evidenza clinica di un alterato profilo neuropsicologico nei pazienti con MP, a oggi, solo pochi studi hanno investigato l'associazione tra compromissione cognitiva e danno tissutale cerebrale (Nagano-Saito et al., 2005). Tale scarsità di studi è probabilmente legata alla tradizionale visione secondo cui i fenomeni neurodegenerativi alla base della MP non si accompagnano a pattern specifici di danno strutturale cerebrale rilevabili con tecniche di *neuroimaging* (Drayer et al., 1986; Huber et al., 1989). Inoltre, nel corso degli anni, vi è stata una crescente definizione clinica della MP e delle patologie neurodegenerative associate a parkinsonismo. Ad esempio, nel 1996, sono stati stabiliti i criteri diagnostici per la demenza a corpi di Lewy (DLB) (McKeith et al., 1996) come entità nosologica distinta dalla MP e dalla MP associata a demenza.

Nel corso degli ultimi decenni, il settore del *neuroimaging* si è progressivamente arricchito di tecniche di indagine sempre più sofisticate, che consentono una caratterizzazione più quantitativa delle modificazioni strutturali connesse alle patologie

L. Serra (✉)
IRCCS Fondazione S. Lucia, Roma

Malattia di Parkinson e parkinsonismi. Alberto Costa, Carlo Caltagirone (a cura di)
© Springer-Verlag Italia 2009

cerebrali. A ciò ha fatto seguito l'ingresso delle tecniche convenzionali di risonanza magnetica (MR) nel percorso diagnostico della MP, con particolare riferimento alla diagnosi differenziale con le cosiddette sindromi parkinsoniane (Schulz et al., 1999; Hu et al., 2001; Ghaemi et al., 2002; Savoiardo, 2003). Allo stesso tempo, la MP è stata oggetto di intensa ricerca mediante le cosiddette tecniche non-convenzionali di RM, sia strutturale che funzionale.

Nel presente capitolo, verrà considerata una selezione di studi di *neuroimaging*, sia strutturale che funzionale, che hanno investigato la MP (e le principali forme di parkinsonismo) chiarendone le relazioni con il funzionamento cognitivo. Relativamente agli studi strutturali, essi verranno raggruppati per tipologia di tecnica utilizzata, passando da un approccio semiquantitativo a più complessi metodi di analisi.

7.2
Studi di *Neuroimaging* strutturale

7.2.1
Rating scale visive standardizzate

Da quando le *neuroimaging* hanno fatto la loro comparsa nel panorama scientifico, sono stati condotti molti studi applicativi, mediante tecniche di tomografia computerizzata (CT) e di RM, finalizzati alla quantificazione del grado di atrofia cerebrale in differenti patologie neurodegenerative. I primi studi si sono prevalentemente focalizzati sull'esame di specifiche strutture cerebrali, note per essere tipicamente affette in determinate condizioni patologiche, come, ad esempio, le strutture temporali mediali nella malattia di Alzheimer. In assenza di indici specifici di danno strutturale, le patologie neurodegenerative sono state inizialmente valutate mediante la misura della perdita tissutale cerebrale (atrofia) e del danno macroscopico a carico della sostanza bianca cerebrale (WM). I primi studi hanno impiegato misure semiquantitative di atrofia regionale e di pattern di anormalità della WM, fondamentalmente basati su scale standardidazzate (*rating scales*), come la *Scala di valutazione del lobo temporale di Scheltens* (Scheltens et al., 1992) o *Scala di Valutazione delle Modificazioni della Sostanza Bianca Correlate all'età* (ARWMC-Scale) (Wahlund et al., 2001). Tali valutazioni vengono effettuate mediante una stima visiva delle immagini da parte del Radiologo, il quale è chiamato a esprimere l'entità dell'atrofia di diverse strutture cerebrali o la presenza e l'estensione di alterazioni a carico della WM mediante scale graduate (per es., atrofia/danno della WM assenti, lievi, moderati, gravi). Misurazioni basate su questo tipo di scale vengono ancora oggi utilizzate, per scopi clinici, in molteplici patologie neurologiche e hanno prodotto una grande quantità di studi di ricerca, finalizzati a chiarire i meccanismi fisiopatologici di malattia oltre che a identificarne marker neuroradiologici specifici. Ad esempio, la Scala di valutazione del lobo temporale (Scheltens et al., 1992) è stata utilizzata in uno studio che ha confrontato l'entità di atrofia delle strutture temporali mesiali in tre differenti forme di demenza: la malattia di Alzheimer (AD), la DLB e la demenza vascolare (VD) rispetto a un gruppo di soggetti sani (Barber et al., 1999). Da tale confronto è emerso che tutti i pazienti mostravano una riduzione del volume delle strutture mesiali del lobo temporale rispetto al gruppo di controllo e che i pazienti con DLB mostravano un grado di atrofia temporale significativamente inferiore rispetto ai pazienti con AD e tendenzialmente inferiore rispetto ai pazienti con VD. Inoltre, questo studio documentava che in tutti i gruppi di pazienti l'entità dell'atrofia del lobo temporale mesiale correlava significativamente con le prestazioni a prove di memoria, ma non con la gravità della demenza (Barber et al., 1999). Questi risultati sono stati sostanzialmente confermati anche da un recente lavoro (Tam et al., 2005) in cui la *Scala di Scheltens per l'atrofia del lobo temporale mesiale* (MTA) (Scheltens et al., 1992) è stata applicata a pazienti con MP, con e senza demenza associata, oltre che a pazienti con DLB, con AD e a controlli sani. In tale studio (Tam et al., 2005), si confermava che il gruppo di controllo aveva una MTA inferiore rispetto a tutti i gruppi di pazienti e che i pazienti con AD mostravano un maggior grado di MTA rispetto ai pazienti con MP (con e senza demenza) e ai pazienti con DLB. Inoltre, un dato significativo è rappresentato dal fatto che il gruppo dei pazienti con MP mostrava un'atrofia inferiore rispetto a quella dei pazienti con DLB ed equiparabile a quella dei pazienti con MPD. Al contrario, non vi era differenza significativa tra pazienti con MP e demenza e pazienti con DLB (Tam et al., 2005). Valutazioni tramite scale visive sono state anche applicate a pazienti con MP in fase precoce. Un'atrofia significativa a carico delle strutture ippocampali e della corteccia prefrontale era già presente in pazienti con MP in fase lieve e con durata di malattia inferiore ai due anni (Bruck et al., 2004). Inoltre, l'atrofia delle due strutture cerebrali considerate (ippocampo e corteccia prefrontale) era associata rispettivamente alle prestazioni mnesiche e attentive dei pazienti reclutati (Bruck et al., 2004).

Nonostante la notevole diffusione delle metodiche semiquantitative basate su scale visive, esse soffrono di gravi limitazioni. L'aspetto più criticabile di queste è legato a una valutazione del danno cerebrale limitatamente a regioni di interesse stabilite a priori, ignorando il possibile coinvolgimento di altre regioni dell'encefalo. Inoltre, le misurazioni ottenute sono sensibili a variabili di difficile controllo (come ad esempio, la dipendenza dal singolo operatore che ha eseguito le misure). Rimane tuttavia l'innegabile vantaggio della loro semplicità e facile applicabilità a un setting clinico (Barber et al., 1999).

7.2.2
Tecniche manuali di segmentazione

Un'altra metodologia molto diffusa, soprattutto nell'ambito della ricerca, per la stima dell'entità dell'atrofia delle strutture cerebrali, prevede l'uso di tecniche di segmentazione manuale applicate alle immagini di RM. Tali tecniche consentono di stimare il volume cerebrale in differenti regioni di interesse (ROI) (Jack et al., 1992; Scheltens et al., 1992). Misurazioni volumetriche manuali sono state applicate nelle più diffuse forme neurodegenerative, come, ad esempio, nella AD (Jack et al., 1992;

Scheltens et al., 1992). Tali studi hanno riscontrato la presenza di atrofia nelle strutture temporali mesiali (ad esempio, formazione ippocampale, amigdala, ecc.) sin dagli stadi più precoci di malattia. È interessante notare che tali metodi hanno consentito di documentare che l'atrofia delle strutture del lobo temporale mesiale non è una caratteristica specifica dell'AD, ma è presente anche in pazienti con MP (Laakso et al., 1996) e in pazienti affetti da DLB (Hashimoto et al., 1998). Infatti, uno studio che ha confrontato pazienti con MP, con e senza demenza, pazienti con AD e soggetti sani ha documentato la presenza di una significativa atrofia dell'ippocampo nell'intero campione di pazienti rispetto al gruppo sano di controllo (Laakso et al., 1996). Gli stessi dati hanno inoltre mostrato che i pazienti con MP senza demenza presentavano un grado di atrofia significativamente inferiore nell'ippocampo di sinistra, rispetto ai pazienti con AD, e che i pazienti con MP e demenza non mostravano differenze significative rispetto al gruppo di pazienti con AD (Laakso et al., 1996). Più recentemente, tale dato è stato confermato da Camicioli et al. (2003) i quali, applicando una tecnica di segmentazione manuale a diverse strutture dell'encefalo (lobo frontale, lobo temporale, lobo parieto-occipitale, ippocampo e corteccia para-ippocampale), hanno evidenziato che i pazienti con MP, con e senza demenza, e i pazienti con AD mostrano un'atrofia dell'ippocampo rispetto ai controlli sani, ma nessuna differenza tra di loro. In aggiunta, un altro studio eseguito con metodologia simile (Riekkinen et al., 1998) ha mostrato che nei pazienti con MP senza demenza ma con deficit mnesici, si osserva, bilateralmente, una significativa atrofia delle strutture ippocampali, rispetto ai pazienti con MP senza deficit di memoria. Inoltre, il decremento del volume ippocampale correla significativamente con il peggioramento delle prestazioni mnesiche (Riekkinen et al., 1998).

Tale dato è stato parzialmente confermato di recente da Junqué et al. (2005). Questi Autori hanno documentato che nei pazienti con MP senza demenza, ma con deficit mnesici si osserva una riduzione del 10% del volume delle strutture ippocampali e dell'amigdala rispetto ai controlli normali (che comunque non raggiunge la significatività). Tuttavia, i pazienti con MP non mostrano alcuna differenza rispetto ai pazienti con MP e demenza (MPD). Infine, nei pazienti con MPD l'atrofia dell'ippocampo e dell'amigdala risulta significativamente più marcata solo rispetto ai controlli sani, correlando inoltre con le prestazioni mnesiche (Junqué et al., 2005). Questo studio, quindi, contribuisce a sostenere l'ipotesi che i pazienti con MP e deficit cognitivi isolati presentano modificazioni strutturali intermedie tra quelle osservate nei soggetti MPD e nei soggetti sani di pari età (Junqué et al., 2005).

Alcuni dati in letteratura sostengono l'evidenza che il volume delle strutture temporo-mesiali può essere ridotto in pazienti con MP o parkinsonismi associati a decadimento cognitivo, ma in misura diversa rispetto alla compromissione solitamente osservata nella AD. Infatti, uno studio condotto sulle due principali forme di demenza degenerativa (AD e DLB) (Hashimoto et al., 1998) ha mostrato che i pazienti con DLB presentano un'atrofia ippocampale rispetto ai controlli sani, che tuttavia è meno marcata rispetto a quella dei pazienti con AD. Al contrario, entrambi i gruppi di pazienti (AD e DLB) mostravano un'atrofia del complesso amigdaloideo rispetto alla popolazione di controllo, in assenza di differenze tra di loro.

La tecniche di segmentazione manuale sono state inoltre applicate alla misura di altre strutture sottocorticali, come i gangli della base, che sono tipicamente coinvolte nella MP. Almeida et al. (2003) hanno investigato con RM un ampio gruppo di pazienti affetti da: MP senza demenza; DLB; e AD. Hanno effettuato su immagini T1-pesate misurazioni volumetriche del nucleo caudato, riscontrandone una significativa atrofia nel gruppo dei pazienti con AD confrontati con i controlli sani. Al contrario, non vi erano differenze volumetriche del nucleo caudato tra i pazienti con MP e DLB e i soggetti sani. Contrariamente all'ipotesi di partenza, questo studio mostra che i deficit motori e cognitivi osservati nelle sindromi parkinsoniane (tipicamente, disturbi delle funzioni esecutive) non sono direttamente riferibili a danno del caudato. L'atrofia riscontrata nei pazienti con AD veniva interpretata come secondaria alla maggiore atrofia globale presente in questa forma di demenza (Almeida et al., 2003). Risultati analoghi sono stati ottenuti in un altro studio, confrontando il volume del nucleo caudato tra pazienti con LBD, AD e demenza vascolare (Barber et al., 2002). Anche in questo caso, non emergevano correlazioni tra atrofia del caudato e sintomatologia parkinsoniana (Barber et al., 2002). Relativamente ad altre strutture sottocorticali, è stata riscontrata una significativa atrofia del putamen nei pazienti con DLB rispetto a pazienti con AD, i quali a loro volta non differivano dai soggetti sani (Cousins et al., 2003). Tale studio ha contribuito a considerare il putamen una struttura critica per la sintomatologia parkinsoniana, con particolare riferimento alla DLB (Cousins et al., 2003).

In letteratura c'è un generale accordo nel considerare le misurazioni volumetriche manuali soggette ad alcune variabili difficilmente controllabili che possono renderle non completamente attendibili. Tra le limitazioni più rilevanti, vanno annoverate: la forte variabilità interindividuale (che può mascherare lievi alterazioni strutturali, specialmente nelle fasi precoci di malattia) (Hu et al., 2001); la forte dipendenza delle misure dall'operatore che le compie; il grosso dispendio di tempo richiesto; la valutazione esclusiva di determinate strutture stabilite a priori.

7.2.3
Tecniche di co-registrazione seriale

Per superare le limitazioni connesse all'utilizzo di misurazioni manuali, sono state sviluppate tecniche maggiormente automatizzate, in cui l'apporto dell'operatore viene sensibilmente ridotto. Tra queste si possono annoverare le tecniche di co-registrazione seriale di immagini di RM. In questo tipo di procedure si acquisiscono immagini RM sullo stesso soggetto a distanza di tempo, per poi procedere a un confronto longitudinale. Tali tecniche presentano un duplice vantaggio: da un lato, consentono di utilizzare lo stesso soggetto come parametro di riferimento per eventuali cambiamenti connessi con la patologia; dall'altro, consentono di esaminare simultaneamente, senza ipotesi a priori, l'intero cervello. Queste tecniche sono state utilizzate per studiare i cambiamenti cerebrali in numerose patologie neurologiche come la sclerosi multipla (Jackson et al., 1993), le neoplasie cerebrali (Bydder, 1995), la AD (Fox et al., 1999) e anche la MP (Hu et al., 2001). Applicando misurazioni volumetriche a registrazioni seriali di immagini T1-pesate, Hu et al. (2001) hanno dimostrato che pazienti con MP idiopatico non dementi mostravano una significativa riduzione del volume cerebrale per confronto di immagini acquisite a *baseline* e a *follow-up* dopo circa due anni. Questo effetto di atrofizzazione globale era assente nel gruppo di soggetti sani appaiati per età e per punteggio *al Mini Mental State Examination* (MMSE) (Folstein et al., 1975). In particolare, il tasso medio annuo di riduzione del volume cerebrale era pari a circa 10,3 ml nei pazienti con MP e di 0.49 ml nel gruppo di controllo. Inoltre, lo stesso studio mostrava nei pazienti con MP una significativa correlazione tra entità di atrofia cerebrale e riduzione di prestazioni alla *Wechsler Adult Intelligence Scale Revised* (WAIS-R) (Wechsler, 1981; Hu et al., 2001). Questi risultati rimangono tuttavia controversi. Uno studio simile (Burton et al., 2005) non ha mostrato differenze significative nel tasso annuo di perdita tissutale cerebrale tra MP e controlli sani, mentre lo ha rilevato tra pazienti con MPD e controlli. Inoltre, tale studio non mostrava nessuna associazione tra entità di atrofia e misure cognitive (Burton et al., 2005). Una possibile spiegazione per tale discrepanza tra studi può essere dovuta a differenze nel reclutamento dei campioni esaminati.

7.2.4
Tecnica di *Voxel-Based Morphometry*

La procedura definita *Voxel-Based Morphometry* (VBM) si è rivelata di particolare interesse nello studiare i pattern regionali di atrofia cerebrale in diverse patologie neurodegenerative, tra cui anche la MP e le sindromi parkinsoniane. Si tratta di un metodo completamente automatizzato che consente, utilizzando immagini RM T1-pesate ad alta risoluzione, di confrontare nell'intero volume cerebrale la concentrazione (o il volume) locale di sostanza grigia (sia corticale che sottocorticale) tra diversi gruppi di soggetti (Ashburner e Friston, 2000). Uno dei primi studi (Burton et al., 2004) ha utilizzato la VBM per confrontare pazienti con MP (con e senza demenza), pazienti con DLB, pazienti con AD e controlli sani. I risultati hanno confermato la presenza di differenti pattern di atrofia regionale nei diversi gruppi, con modificazioni a carico di specifiche strutture cerebrali. In particolare, i pazienti con MP mostravano, rispetto ai soggetti sani, una riduzione volumetrica della sostanza grigia limitata ai lobi frontali. I pazienti affetti da MPD mostravano invece una più estesa riduzione volumetrica, che coinvolgeva anche i lobi temporali, i lobi occipitali, il talamo, il putamen e il nucleo caudato (Burton et al., 2004). Inoltre, i pazienti MPD, confrontati direttamente con i pazienti con MP, mostravano una maggiore atrofia a carico del lobo occipitale di sinistra. Infine, lo stesso studio ha mostrato pattern indistinguibili di atrofia regionale tra pazienti affetti da MPD e pazienti affetti da DLB. Nel complesso, contrariamente a quanto riportato da lavori effettuati con tecniche manuali (Laakso et al., 1996; Camicioli et al., 2003), questo studio suggerisce un pattern specifico di atrofia regionale, con gravità crescente a seconda del grado di compromissione cognitiva, nei pazienti della serie parkinsoniana. Tale pattern risulta essere completamente differente da quello osservato nell'AD, in cui le strutture maggiormente compromesse risultano essere, tipicamente, l'ippocampo e la corteccia paraippocampale (Burton et al., 2004). Tali osservazioni sono in accordo con i profili clinici e neuropsicologici di queste diverse malattie neurodegenerative, contribuiscono a migliorarne la comprensione fisiopatologia e costituiscono potenziali marker diagnostici.

Uno studio successivo, sempre con metodica VBM, ha indagato più specificatamente le modificazioni cerebrali connesse con lo sviluppo di demenza nei pazienti con MP a diverso stadio. Tale studio ha dimostrato che una perdita di sostanza grigia a livello delle strutture ippocampali è osservabile nei pazienti con MPD, ma non in quelli con MP (Summerfield et al., 2005), confermando il ruolo critico svolto da questa struttura nello sviluppo di demenza. Anche altre strutture corticali e sottocorticali sono state messe in relazione con lo sviluppo di demenza nei pazienti con MP. Ad esempio, nei pazienti con MP, il giro temporale superiore di sinistra, il giro paraippocampale, il giro del cingolo, il talamo, il putamen, il nucleo accumbens e l'ipotalamo, sono risultati determinanti nello spiegare la presenza e la gravità sintomatologica dementigena (Summerfield et al., 2005).

La VBM è stata anche utilizzata in studi longitudinali per valutare il pattern di atrofia cerebrale in pazienti con MP con e senza demenza, mostrando una progressiva perdita regionale di sostanza grigia con l'avanzare della malattia (Ramirez-Ruiz et al., 2005). Sia i pazienti con MP che quelli con MPD hanno mostrato una riduzione volumetrica tra *baseline* e *follow-up* a due anni in diverse strutture neocorticali e limbiche. In particolare, i pazienti con MP mostravano atrofia principalmente nelle cortecce del cingolo e insulari, nelle cortecce associative temporo-occipitali e nell'ippocampo (Ramirez-Ruiz et al., 2005). I pazienti con MPD mostravano invece maggiore decremento volumetrico dell'ippocampo dei giri fusiforme e paraippocampale e delle regioni temporo-occipitali (Ramirez-Ruiz et al., 2005).

Un recente lavoro (Beyer et al., 2007) ha confrontato la densità di sostanza grigia cortico-sottocorticale in tre differenti gruppi di pazienti con malattia di Parkinson (MP): un gruppo di pazienti con MP senza demenza ma con lievi deficit cognitivi (MP-MCI) (diagnosticati seguendo i criteri di Petersen e collaboratori per il *Mild Cognitive Impairment*) (Petersen et al., 2001); un gruppo di pazienti con MP senza demenza e senza deficit cognitivi; un gruppo di pazienti con MPD. Come atteso, i pazienti con MPD mostravano il pattern di atrofia più esteso (che coinvolgeva i lobi frontali, temporali, parietali e le strutture limbiche) sia rispetto ai controlli sani che rispetto ai pazienti con MP senza demenza. Al contrario, i pazienti con MP-MCI avevano, rispetto a quelli con MP isolato, una maggiore atrofia emisferica sinistra nel giro frontale medio, nel giro precentrale e nel lobo temporale superiore, e una maggiore atrofia emisferica destra nel lobo temporale inferiore (Beyer et al., 2007). Questo studio ha confermato, nella MP, che la demenza si associa a modificazioni strutturali neocorticali, già presenti in pazienti con deficit cognitivi lievi (Beyer et al., 2007).

La VBM è stata anche utilizzata per investigare l'atrofia cerebrale regionale in altre entità cliniche che si associano a parkinsonismo, come la paralisi sopranucleare progressiva (PSP) e l'atrofia multisistemica (MSA). Rispetto alla MP, la PSP sia associa a un pattern di atrofia regionale che coinvolge il nucleo subtalamico di Luys, il mesencefalo e il peduncolo cerebrale, in accordo con le caratteristiche neuropatologiche della PSP (Price et al., 2004). Un ulteriore lavoro, effettuato solo su pazienti con PSP e controlli sani, mostrava risultati rilevanti (Brenneis et al., 2004).

L'atrofia multisistemica–variante Parkinson (MSA-P) è una patologia neurodegenerativa che, specialmente nelle fasi precoci di malattia, può essere confusa con la MP. Uno studio di questa entità clinica con VBM ha mostrato un pattern selettivo di atrofia corticale, che coinvolge bilateralmente le cortecce sensitiva e motoria primaria, la supplementare motoria, la corteccia prefrontale e insulare. Tale danno tissutale differenzia i pazienti con MSA-P non solo dai controlli sani, ma anche dai pazienti con MP (Brenneis et al., 2003), indicando la potenziale abilità della VBM nell'individuare caratteristiche differenziali in vivo tra queste due patologie (Brenneis et al., 2003).

In letteratura ci sono solo pochi lavori di correlazione tra l'entità dell'atrofia cerebrale misurata con VBM e *performance* cognitive in soggetti affetti da MP. Uno di questi (Nagano-Saito et al., 2005) ha messo in relazione i punteggi ottenuti a un test di ragionamento logico (*Matrici Progressive Colorate*) (Raven, 1962) in un gruppo di pazienti con MP a differenti stadi di gravità e di soggetti sani di controllo. Dal confronto tra pazienti con MP e soggetti sani, non sono emerse differenze regionali significative di densità di sostanza grigia. I pazienti con MP di grado severo, invece, mostravano un'atrofia bilaterale del giro retto che si estendeva fino al giro subcalloso e del giro frontale inferiore di sinistra (Nagano-Saito et al., 2005). Inoltre, i pazienti con MPD rispetto al gruppo dei pazienti con MP senza demenza mostravano significative modificazioni sia a livello corticale che sottocorticale. Infatti, a livello corticale, si osservava bilateralmente l'atrofia del giro del cingolo anteriore che si estendeva fino alla porzione mesiale del giro frontale, del giro paraippocampale e del giro temporale superiore fino al polo temporale; a livello sottocorticale, sempre bilateralmente, si osservava atrofia del nucleo caudato. In aggiunta, dallo stesso confronto emergeva, nei pazienti con MPD rispetto ai pazienti con MP, una minore densità di sostanza grigia nell'ippocampo, nel giro frontale medio di destra e nel talamo di sinistra (Nagano-Saito et al., 2005). La correlazione con i dati cognitivi mostrava, nel gruppo dei pazienti con MP, una relazione positiva tra prestazioni ottenute alle *Matrici di Raven* e densità della sostanza grigia nei giri paraippocampale/fusiforme e frontale medio di destra e paraippocampale e frontale superiore di sinistra (Nagano-Saito et al., 2005). Gli Autori di questo studio concludevano che, nella MP, modificazioni strutturali a carico di specifiche aree cortico-sottocorticali (strutture pre-frontali, limbiche e paralimbiche) possono essere cruciali nello sviluppo della demenza (Nagano-Saito et al., 2005).

7.2.5
Tecniche di diffusione

Le tecniche di diffusione a RM sono state applicate per evidenziare le caratteristiche strutturali cerebrali di pazienti con MP e per identificare marker specifici, al fine di differenziare questi pazienti da quelli affetti da altre forme neurodegenerative. Questo tipo di metodica si basa sulla quantificazione della diffusione microscopica delle molecole d'acqua all'interno dei tessuti biologici che, se ben strutturati come il sistema nervoso centrale, ne riflette le caratteristiche microstrutturali. Specialmente la sostanza bianca cerebrale, costituita da fasci ordinati di fibre, si presta a essere investigata con tecniche di diffusione. Infatti, i dati rilevabili all'interno della sostanza bianca cerebrale non riflettono solo una maggiore o minore organizzazione microscopica tissutale, ma forniscono anche dati circa la direzionalità delle fibre nervose. In presenza di processi patologici che alterino la macro- o la micro-struttura cerebrale, le misure di diffusione consentono di ottenere valori quantitativi di tali alterazioni, anche in assenza di un danno macroscopico visibile con tecniche convenzionali di *neuroimaging*. Tra i principali indici di diffusione utilizzati nello studio cerebrale, vanno menzionati la diffusività media (MD) o il coefficiente apparente di diiffusione (ADC) e l'anisotropia frazionaria (FA). I primi due indici riflettono il grado di organizzazione microtissutale generale, il terzo (FA) riflette segnatamente l'organizzazione direzionale microtissutale ed è di particolare utilità nel quantificare eventuali danni a carico di strutture ben direzionate all'interno della sostanza bianca (per esempio, corpo calloso) (Le Bihan et al., 1992;. Basser e Pierpaoli, 1996). In presenza di danno patologico, MD e ADC aumenteranno proporzionalmente alla perdita di integrità tissutale. Al contrario, FA diminuirà proporzionalmente alla perdita di direzionalità delle strutture cerebrali ben organizzate (fisiologicamente dotate di elevata direzionalità e quindi di elevati valori di FA). Circa i metodi di stima delle alterazioni dalle immagini a RM pesate in diffusione, ne esistono svariate modalità, che vanno dalle misure regionali in ROIs prestabilite a metodi automatizzati per il confronto voxel per voxel, in modo similare a quanto eseguito con la VBM per la quantificazione dei volumi regionali di sostanza grigia.

Uno studio del 2002 ha confrontato pazienti con MP, pazienti affetti da *Atrofia Multisistemica-variante Parkinson* (MSA-P) e controlli sani allo scopo di documentare se specifiche alterazioni microstrutturali fossero osservabili nei due gruppi di pazienti (Schocke et al., 2002). I valori di ADC sono stati stimati nelle seguenti regioni di interesse: sostanza grigia, sostanza bianca, gangli della base, sostanza nera e ponte. I risultati di questo studio (Schocke et al., 2002) hanno documentato esclusivamente un incremento di ADC all'interno del putamen dei pazienti con MSA-P, sia rispetto ai pazienti con MP che ai controlli sani. Al contrario, i pazienti con MP erano indifferenziabili dai controlli sani (Schocke et al., 2002). Gli Autori concludevano che le tecniche di diffusione possono costituire un utile supporto nella diagnosi differenziale tra MP e MSA-P (Schocke et al., 2002). Un lavoro successivo del medesimo gruppo di ricercatori ha dimostrato come le tecniche di diffusione siano in grado di differenziare i pazienti con MP da quelli con PSP (Seppi et al., 2003). Infatti, confrontando i valori di ADC nella sostanza grigia, sostanza bianca, gangli della base, sostanza nera e ponte in pazienti con MP, PSP, MSA-P e controlli, gli Autori hanno documentato un significativo incremento di diffusione (nei gangli della base) nei pazienti con PSP rispetto ai pazienti con MP, ma nessuna differenza rispetto ai pazienti con MSA-P (Seppi et al., 2003). Tale studio suggerisce la potenziale utilità delle tecniche di diffusione nel differenziare tra pazienti con MP e pazienti affetti da parkinsonismi atipici, in assenza di ulteriori marker differenziali tra le forme di parkinsonismo considerate (Seppi et al., 2003).

Come si è detto, il sistema nervoso centrale è organizzato in fasci ordinati di fibre e la diffusione delle molecole di acqua segue principalmente l'asse longitudinale delle fibre stesse, mentre la diffusione in senso perpendicolare è più ristretta (Hajnal et al., 1991).

7

Poiché i tratti di fibre non sono tutti orientati nella stessa direzione, misurare la diffusione in un'unica direzione può portare a una sottostima dei reali cambiamenti patologici (Pierpaoli et al., 1996). Applicando tecniche più sensibili che evidenziano la diffusione dell'acqua nelle tre direzioni ortogonali dello spazio, è stato possibile ottenere ulteriori informazioni circa le differenze strutturali tra pazienti con MP e pazienti con disturbi parkinsoniani atipici. Infatti, Schocke et al. (2004), utilizzando mappe di ADC nelle tre direzioni ortogonali, hanno confermato che pazienti con MSA-P rispetto a pazienti con MP e controlli, mostrano principalmente un incremento nella diffusività del putamen. Questo risultato, in accordo con studi precedenti (Schocke et al., 2002), conferma che l'incremento di diffusione nei gangli della base, soprattutto nel putamen, consente di discriminare completamente i due gruppi di pazienti e può essere anche considerato un marker di progressione di malattia (Schocke et al., 2004). Studi longitudinali più recenti hanno confermato un rapido incremento nella diffusività media del putamen nei pazienti con MSA-P (Seppi et al., 2006). È stato trovato, inoltre, che tale incremento correla significativamente con la progressione della sintomatologia motoria in pazienti affetti da MSA-P (Seppi et al., 2006).

La DLB è anche stata investigata con tecniche di diffusione, al fine di evidenziare alterazioni cerebrali regionali che ne spiegassero i peculiari aspetti clinici e neuropsicologici e che la differenziassero dalla più comune forma di demenza neurodegenerativa, la AD (Bozzali et al., 2005). Infatti, la diagnosi differenziale tra AD e DLB costituisce spesso un rilevante problema clinico, come sottolineato dal fatto che la DLB è stata riconosciuta come la seconda più comune forma di demenza osservata in studi neuropatologici. Al contrario, il numero di diagnosi cliniche di DLB continua a essere inferiore all'atteso, suggerendo una sottostima di questo tipo di pazienti. Bozzali et al. (2005) hanno investigato, mediante tecniche di diffusione, un gruppo di pazienti affetti da DLB confrontati con un gruppo di soggetti sani di controllo. Misure di MD e FA sono state ottenute esplorando le principali regioni di sostanza bianca cerebrale, il talamo e i principali nuclei della base (Fig. 7.1a). Il pattern regionale di alterazioni individuato era totalmente diverso rispetto a quello precedentemente osservato, con analoga tecnica di indagine, in pazienti con AD (Bozzali et al., 2002). Nei pazienti con DLB, a fronte di un più moderato coinvolgimento dei lobi temporali, venivano osservate alterazioni a carico dei lobi occipitali che erano totalmente assenti nei pazienti con AD. Gli Autori interpretavano queste alterazioni occipitali come un possibile substrato per la sintomatologia allucinatoria visiva caratteristica della DLB. Inoltre, venivano riscontrate nei pazienti con DLB interessanti correlazioni tra alterazioni tissutali regionali e *performance* ottenute alla batteria VOSP, che valuta le abilità visuo-spaziali, tipicamente carenti nei pazienti con DLB (Fig. 7.1b).

L'utilità di considerare nel percorso diagnostico dei parkinsonismi anche gli indici di diffusione è stata documentata di recente in un *single-case* (Bozzali et al., 2008). Questo studio ha analizzato gli indici di MD e FA, ottenuti in un paziente affetto da degenerazione cortico-basale (CBD) in cui, da un punto di vista radiologico, non era evidente la caratteristica distribuzione asimmetrica dell'atrofia (un emisfero marcatamente più atrofico del controlaterale). Lo studio con tecniche di diffusione ha mostrato un danno microscopico bilaterale, ma prevalentemente lateralizzato all'emisfero controlaterale alla distribuzione della sintomatologia (Fig. 7.2).

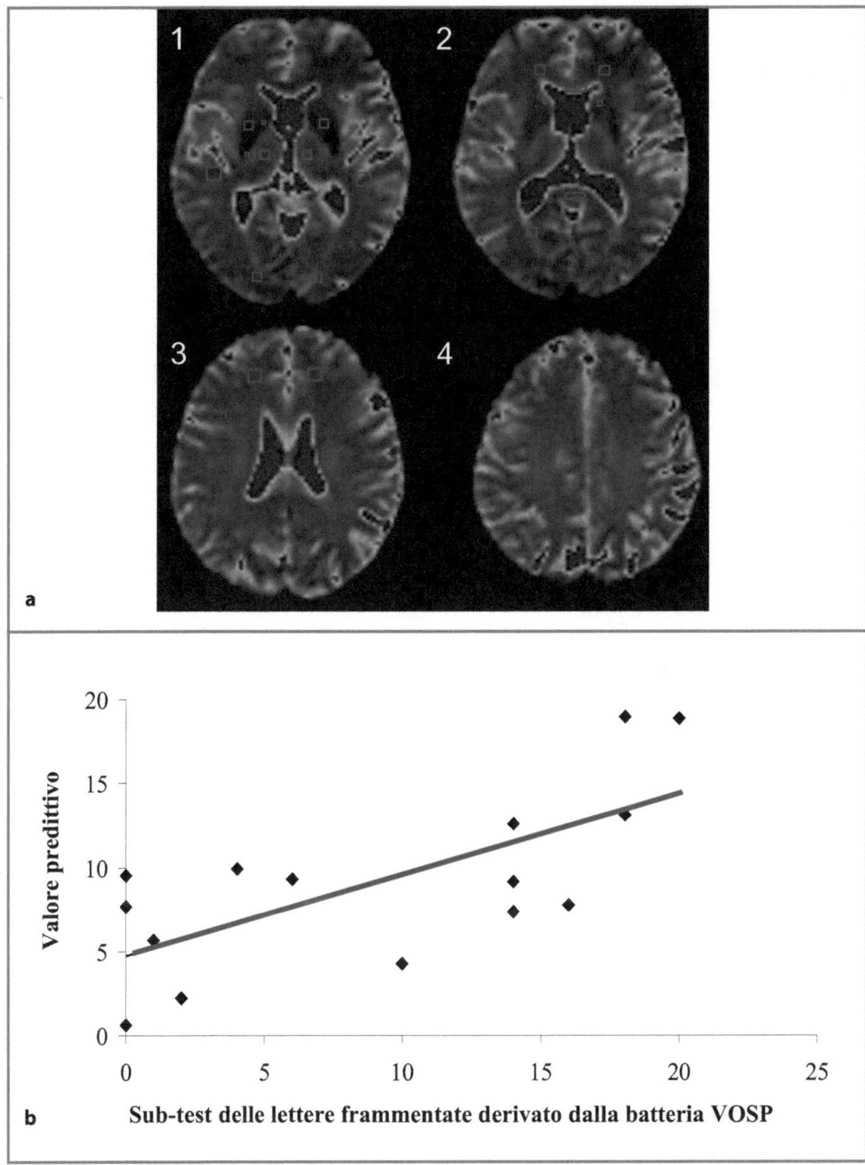

Fig. 7.1 a Localizzazione su immagini anatomiche T2 pesate di un paziente con DLB delle regioni di interesse (ROI) scelte per la quantificazione dei valori di MD e FA. Tali regioni includono: *1*) capsula interna, putamen, talamo, lobo temporale e occipitale; *2*) ginocchio del corpo calloso; aree pericallosali anteriori e posteriori, nucleo caudato; *3*) lobi frontali; *4*) lobi parietali. **b** Scatter plot di un modello di regressione lineare che mostra le prestazioni ottenute dai pazienti con DLB in relazione a parametri regionali di diffusione (MD e FA). Sono stati considerati come variabili i punteggi ottenuti nel subtest di Lettere Frammentate (derivato dalla batteria *Visual Object Space and Perception*, VOSP) e i valori regionali di diffusione derivati nelle diverse aree di sostanza bianca. I predittori che entrano nel modello sono le misure di MD e FA nei lobi temporali. Modificato da Bozzali et al., 2005 con autorizzazione da Oxford University Press

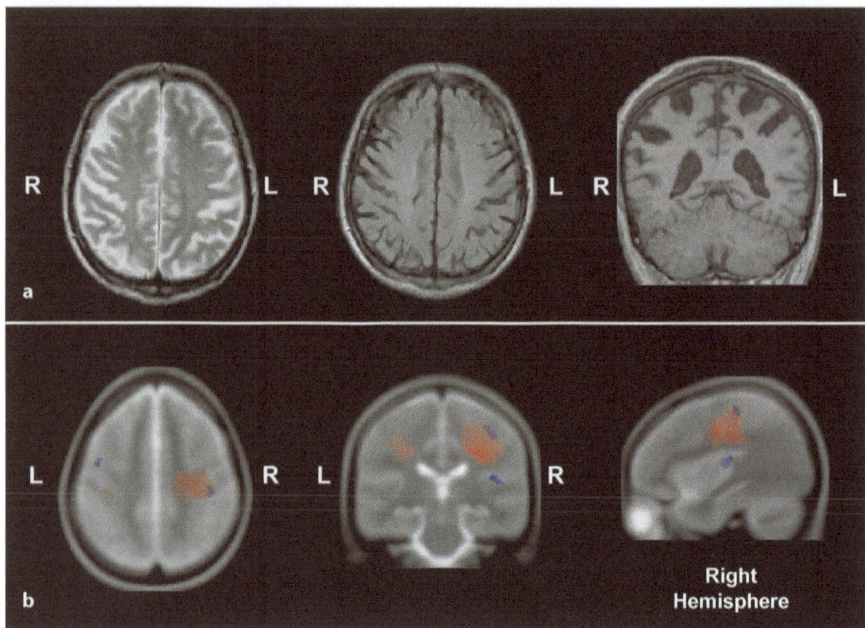

Fig. 7.2 È qui riportato un esempio di potenziale utilità delle tecniche di diffusione applicate a un caso clinico di sospetta degenerazione cortico-basale nell'indirizzare la diagnosi. Questo paziente non presentava la tipica distribuzione asimmetrica di atrofia cerebrale (un emisfero più atrofico del controlaterale) all'imaging convenzionale (**a** da sinistra a destra: immagine assiale T2 pesata; immagine assiale acquisita con tecnica *fluid attenuated inversion recovery* [FLAIR]; immagine coronale T1 pesata). L'utilizzo delle mappe di MD ha mostrato la presenza di danno microscopico bilaterale (**b** *rosso*), più marcato a destra (in accordo con la sintomatologia clinica prevalente all'emisoma sinistro). Tale danno microscopico asimmetrico era presente in assenza di evidente atrofia lobare unilaterale (*blu*). R, *right* (destra); L, *left* (sinistra). Modificato da Bozzali et al., 2008, con autorizzazione da Elsevier

Tale studio documenta quindi che, pur in assenza di anomalie cerebrali macroscopiche, le tecniche di diffusione possono fornire un *marker* di potenziale valore diagnostico.

In conclusione, l'insieme di questi studi documenta l'utilità delle tecniche di diffusione nel fornire una misura quantitativa che consenta di individuare la presenza di un danno tissutale non osservabile con tecniche convenzionali di RM. L'individuazione di modificazioni patologiche microscopiche a carico del sistema nervoso centrale può essere utile per discriminare pazienti affetti da MP da pazienti affetti da altri disturbi parkinsoniani in una fase precoce di malattia (quando maggiore è il rischio di una diagnosi incorretta), per discriminare tra le due principali forme di demenza degenerativa (AD e DLB), per chiarire importanti aspetti fisiopatologici alla base delle peculiari manifestazioni cliniche della MP e delle altre sindromi parkinsoniane.

7.3
Studi di neuroimmagini funzionali

La compromissione cognitiva osservata nei pazienti affetti da MP è stata documentata anche con tecniche di risonanza magnetica funzionale (fMRI). La fMRI consente di investigare, in vivo e con elevata risoluzione spaziale, i pattern di risposta funzionale cerebrale a seguito di stimolazioni sensoriali o emozionali, o allo svolgimento di compiti, sia motori che cognitivi.

È noto che i pazienti con MP mostrano un'alterazione delle funzioni cognitive simile a quella osservata nei pazienti con lesioni del lobo prefrontale (Taylor et al., 1986; Owen et al., 1992; Dubois et al., 1994). Tale alterazione cognitiva coinvolge tipicamente le funzioni esecutive (capacità di pianificazione, di *set-shifting*, di attenzione, di inibizione, di *working memory*, ecc.). È stato ipotizzato che questi deficit cognitivi potrebbero essere dovuti a una interruzione del network neuronale dei gangli della base, a causa di una disfunzione nei differenti circuiti che connettono la corteccia prefrontale, i gangli della base e il talamo (Alexander et al., 1986). Tra questi deficit, sicuramente, l'alterazione della capacità di *set-shifting* è comune sia ai pazienti con MP che a quelli con lesioni della corteccia prefrontale (Gotham et al., 1988; Cools et al., 2001). Uno studio fMRI (Monchi et al., 2004), in cui un gruppo di pazienti con MP e un gruppo di soggetti sani di controllo venivano sottoposti a un compito di *set-shifting* (derivato dallo *Wisconsin Card Sorting Test*), ha documentato una maggiore attivazione nei pazienti rispetto ai controlli delle regioni prefrontali, posteriori e dorsolaterali. Al contrario, i pazienti con MP attivavano meno dei controlli la formazione striatale (Monchi et al., 2004). Tali risultati suggeriscono che sia la deplezione nigrostriatale di dopamina che l'insufficienza dopaminergica intracorticale possano svolgere un importante ruolo nel determinare i deficit cognitivi associati a MP (Monchi et al., 2004). In un lavoro più recente, gli stessi Autori hanno utilizzato una versione modificata del *Wisconsin Card Sorting Test* al fine di indagare il ruolo svolto dalla corteccia prefrontale ventrolaterale e dal nucleo caudato nelle funzioni esecutive in pazienti con MP (Monchi et al., 2007). Gli Autori hanno riscontrato un incremento di attivazione corticale, nei pazienti con MP rispetto ai controlli sani, durante le condizioni in cui la nuova regola per eseguire il *set-shifting* veniva implicitamente fornita dal compito o in cui non veniva richiesto alcun *set-shifting* (Monchi et al., 2007). Tali condizioni non sono generalmente associate a un incremento di attivazione del nucleo caudato. Inoltre, nei pazienti con MP, veniva osservato un decremento di attivazione corticale durante la condizione in cui è necessaria una pianificazione cognitiva per eseguire il *set-shifting*. Questa condizione è tipicamente associata a un incremento di attivazione del nucleo caudato (Monchi et al., 2007). Infine, l'attivazione corticale coinvolgeva non solo le regioni prefrontali, ma anche le aree parietali posteriori e della corteccia prestriata. L'insieme di questi risultati non conferma il tradizionale modello secondo cui la deplezione dopaminergica nigro-striatale causa un decremento dell'attività corticale ma, al contrario, fornisce evidenze a favore dell'ipotesi che non solo il sistema dopaminergico nigro-striatale, ma anche quello mesocorticale, possano contribuire significativamente ai deficit cognitivi osservati nella MP (Monchi et al., 2007).

Un recente studio fMRI (Baglio et al., 2009) ha utilizzato un paradigma fondato sull'attenzione visiva e l'inibizione motoria (compito GO-NoGO) per investigare i pattern di attivazione cerebrale in un gruppo di pazienti con MP, confrontato con una popolazione sana di controllo. I pazienti erano tutti allo stadio 1 e 2 della *Scala di Hoehn e Yahr* (Fahn e Elton, 1987) e nessuno di loro presentava deficit cognitivi a una estesa batteria neuropsicologica. Durante inibizione motoria (effetto No-GO) i pazienti con MP mostravano un incremento di attivazione cerebrale nella corteccia prefrontale e nei gangli della base e una riduzione di attivazione (e di coerenza temporale di attivazione) a carico della corteccia temporo-occipitale (Fig. 7.3).

Gli Autori concludevano che pazienti con MP agli stadi iniziali di malattia (in assenza di compromissione cognitiva) mostrano già alterazioni funzionali non solo a carico del circuito fronto-striatale, ma anche a livello della corteccia temporo-occipitale. In particolare, l'aumento di attivazione del circuito fronto-striatale veniva interpretato in termini di meccanismo compensatorio che spiegherebbe il mantenimento della prestazione cognitiva; viceversa, le alterazioni a carico della corteccia temporo-occipitale venivano interpretate come segni preclinici riferibili a deficit visuo-percettivi e allucinazioni visive. Quest'ultimo aspetto sarebbe peraltro in accordo con un precedente studio che mostrava alterazioni micro-strutturali a carico della sostanza bianca dei lobi occipitali di pazienti con DLB (Bozzali et al., 2005).

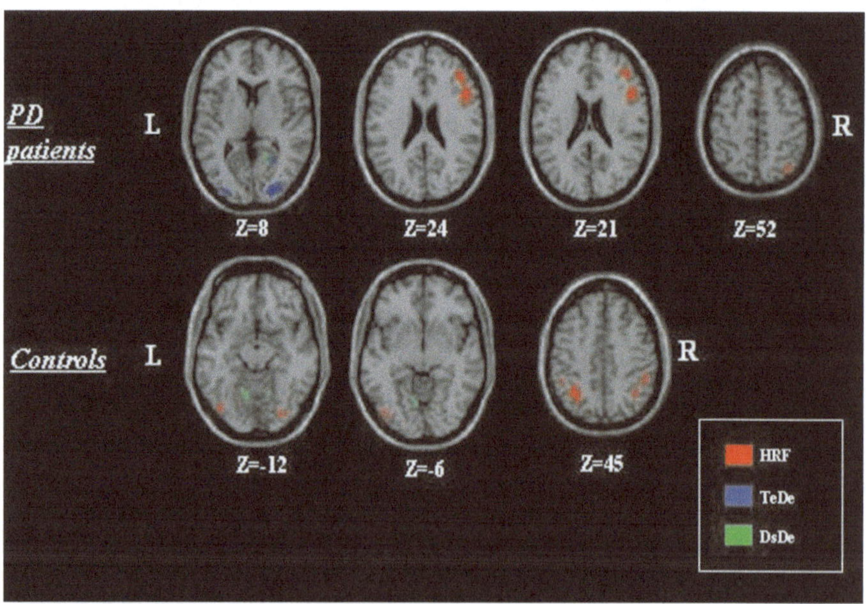

Fig. 7.3 Effetto principale sull'attivazione cerebrale di stimoli NoGo in pazienti con MP (*in alto*) e in soggetti sani di controllo (*in basso*). L'effetto viene descritto sia dalla risposta emodinamica canonica (*aree in rosso*), sia dai suoi indici di dispersione temporale (*aree in blu*) e spaziale (*aree in verde*). I pazienti con MP mostrano un'estesa attivazione frontale (rosso) rispetto ai controlli. Inoltre, i pazienti mostrano una ridotta attivazione occipitale, che si presenta temporalmente più dispersa rispetto ai controlli (*blu*). L, *left* (sinistra); R, *right* (destra); Z, coordinata stereotassica associata alla direzione rotro-caudale. Modificato da Baglio et al., 2009, con autorizzazione da Elsevier

Diversi studi neuropsicologici (Owen et al., 1997; Lewis et al., 2003; Costa et al., 2003) mostrano che i pazienti con MP hanno una compromissione della *working memory* sin dalle prime fasi di malattia. Uno studio fMRI volto a indagare i correlati neurali della *working memory* ha mostrato che i pazienti con MP e sindrome disesecutiva presentano una ridotta attività nei gangli della base e nella corteccia frontale rispetto ai pazienti con MP ma senza sindrome disesecutiva (Lewis et al., 2003). Tale studio suggerisce che alcuni dei deficit cognitivi osservati nei pazienti con MP sono secondari a deplezione dopaminergica nigro-striatale, che riduce la funzionalità dei circuiti frontostiatali (Lewis et al., 2003).

È noto, inoltre, che i pazienti con MP senza demenza possono avere difficoltà nella comprensione di frasi grammaticalmente complesse (Lieberman et al., 1990; Grossman et al., 1991). Sebbene in alcuni studi tale difficoltà venga attribuita a deficit di tipo grammaticale (Lieberman et al., 1992; Choen et al., 1994), in altri viene associata alla presenza di deficit di *working memory*, o di un rallentamento nella capacità di processare informazioni complesse (Grossman et al., 2002; Lee et al., 2003). Studi fMRI effettuati su soggetti sani, d'altro canto, suggeriscono che la comprensione di frasi richiede l'attivazione di aree cerebrali che supportano sia i processi grammaticali che risorse cognitive associate al processamento di materiale linguistico complesso (Caplan et al., 1998; Keller et al., 2001). Mediante l'utilizzo di compiti di *working memory* e di giudizi grammaticali, è stata documentata un'attivazione della corteccia temporale postero-laterale sinistra per tutti i tipi di frasi, della porzione ventrale della corteccia frontale inferiore di sinistra per frasi grammaticalmente complesse, della porzione dorsale della corteccia frontale inferiore di sinistra e della corteccia temporale posterolaterale di destra per compiti di *working memory* verbale. Infine, è stato riscontrato il coinvolgimento del nucleo striato in compiti che valutano la velocità di processare informazioni complesse (Cooke et al., 2000; Cooke et al., 2002; Grossman et al., 2002).

Come è noto, il circuito fronto-striatale è compromesso nei pazienti affetti da MP (Alexander et al., 1990). Alcuni lavori hanno mostrato una ridotta attivazione nelle regioni prefrontali e striatali in pazienti con MP durante lo svolgimento di compiti non linguistici che richiedono capacità di *problem-solving* o di generazione di nuove sequenze motorie (Samuel et al., 1997; Owen et al., 1998; Dagher et al., 2001). Un successivo studio ha dimostrato, nei pazienti con MP, una ipoattivazione a livello delle regioni dello striato, della corteccia frontale anteromediale e temporale di destra in compiti di comprensione di frasi, con un concomitante incremento di attivazione nelle aree frontali di destra e temporo-parietali di sinistra (Grossman et al., 2003). Sostanzialmente, Grossman et al. (2003) concludono che la compromissione della capacità di comprendere frasi complesse nei pazienti con MP dipende prevalentemente dalla interruzione di un vasto network cerebrale coinvolto nel reclutamento delle risorse cognitive necessarie per il processamento di frasi complesse. L'alterazione del funzionamento di tale network implicherebbe un incremento compensatorio dell'attivazione corticale, che consente ai pazienti con MP di mantenere una buona accuratezza per la comprensione di frasi semplici (Grossman et al., 2003).

7.4
Conclusioni

Da quanto riportato in questa breve rassegna di studi di risonanza magnetica sia strutturale che funzionale, emerge il ruolo sempre più preminente che queste tecniche stanno assumendo nel percorso diagnostico della MP e delle sindromi parkinsoniane. Infatti, tali tecniche non solo consentono di studiare *in vivo* i meccanismi fisiopatologici associati alla neurodegenerazione, ma possono offrire anche la possibilità di chiarire i rapporti tra MP idiopatica e le diverse entità cliniche associate a parkinsonismo. Visto l'importante supporto diagnostico che la RM può offrire è auspicabile, in un futuro non molto lontano, che le più avanzate tecniche quantitative possano entrare nella routine clinica e non rimanere appannaggio di pochi e specializzati centri di ricerca.

Bibliografia

Aarsland D, Andersen K, Larsen JP et al (2001) Risk of dementia in Parkinson's disease: a community-based, prospective study. Neurology 56(6):730-736

Alexander GE, Crutcher MD, DeLong MR (1990) Basal ganglia-thalamocortical circuits: parallel substrates for motor, oculomotor, "prefrontal" and "limbic" functions. Prog Brain Res 85:119-146

Alexander GE, DeLong MR, Strick PL (1986) Parallel organization of functionally segregated circuits linking basal ganglia and cortex. Ann Rev Neurosci 9:357-381

Almeida OP, Burton EJ, McKeith I et al (2003) MRI study of caudate nucleus volume in Parkinson's disease with and without dementia with Lewy bodies and Alzheimer's disease. Dement Geriatr Cogn Disord 16(2):57-63

Ashburner J, Friston KJ (2000) Voxel-based morphometry-the methods. Neuroimage 11(6):805-821.

Baglio F, Blasi V, Falini A et al (2009) Functional brain changes in early Parkinson's disease during motor response and motor inhibition. Neurobiol Aging 31 [Epub ahead of print]

Barber R, Gholkar A, Scheltens P et al (1999) Medial temporal lobe atrophy on MRI in dementia with Lewy bodies. Neurology 52(6):1153-1158

Barber R, McKeith I, Ballard C, O'Brien J (2002) Volumetric MRI study of the caudate nucleus in patients with dementia with Lewy bodies, Alzheimer's disease, and vascular dementia. J Neurol Neurosurg Psychiatry 72(3):406-407

Basser PJ, Pierpaoli C (1996) Microstructural and physiological features of tissues elucidated by quantitative-diffusion-tensor MRI. J Magn Reson B 111(3):209-219

Beyer MK, Janvin CC, Larsen JP, Aarsland D (2007) A magnetic resonance imaging study of patients with Parkinson's disease with mild cognitive impairment and dementia using voxel-based morphometry. J Neurol Neurosurg Psychiatry 78(3):254-259

Bozzali M, Cercignani M, Baglio F et al (2008) Voxel-wise analysis of diffusion tensor MRI improves the confidence of diagnosis of corticobasal degeneration non-invasively. Parkinsonism Relat Disord 14(5):436-9

Bozzali M, Falini A, Cercignani M et al (2005) Brain tissue damage in dementia with Lewy bodies: an in vivo diffusion tensor MRI study. Brain 128(Pt 7):1595-604

Bozzali M, Falini A, Franceschi M et al (2002) White matter damage in Alzheimer's disease assessed in vivo using diffusion tensor magnetic resonance imaging. J Neurol Neurosurg Psychiatry 72(6):742-746

Brenneis C, Seppi K, Schocke M, Benke T et al (2004) Voxel based morphometry reveals a distinct pattern of frontal atrophy in progressive supranuclear palsy. J Neurol Neurosurg Psychiatry 75(2):246-249

Brenneis C, Seppi K, Schocke MF et al (2003) Voxel-based morphometry detects cortical atrophy in the Parkinson variant of multiple system atrophy. Mov Disord 18(10):1132-1138

Bruck A, Kurki T, Kaasinen V et al (2004) Hippocampal and prefrontal atrophy in patients with early non-demented Parkinson's disease is related to cognitive impairment. J Neurol Neurosurg Psychiatry 75(10):1467-1469

Burton EJ, McKeith IG, Burn DJ et al (2004) Cerebral atrophy in Parkinson's disease with and without dementia: a comparison with Alzheimer's disease, dementia with Lewy bodies and controls. Brain 127(Pt 4):791-800

Burton EJ, McKeith IG, Burn DJ, O'Brien JT (2005) Brain atrophy rates in Parkinson's disease with and without dementia using serial magnetic resonance imaging. Mov Disord 20(12):1571-1576

Bydder GM (1995) The Mackenzie Davidson Memorial Lecture: detection of small changes to the brain with serial magnetic resonance imaging. Br J Radiol 68(816):1271-1295

Camicioli R, Moore MM, Kinney A et al (2003) Parkinson's disease is associated with hippocampal atrophy. Mov Disord 18(7):784-790

Caplan D, Alpert N, Waters G (1998) Effects of syntactic structure and propositional number on patterns of regional cerebral blood flow. J Cogn Neurosci 10(4):541-552

Cohen H, Bouchard S, Scherzer P, Witaker H (1994) Language and verbal reasononig in parkinson's disease. Neuropsychiatry Neuropsycol Behav Neurol 7:166-175

Cooke A, DeVita G, Gethers C et al (2000) Information processing speed during functional neuroimaging of sentence comprehension. J Cogn Neurosci 12:S43

Cooke A, Zurif EB, DeVita C et al (2002) Neural basis for sentence comprehension: grammatical and short-term memory components. Hum Brain Mapp 15(2):80-94

Cools R, Barker RA, Sahakian BJ, Robbins TW (2001) Mechanisms of cognitive set flexibility in Parkinson's disease. Brain 124(Pt 12):2503-2512

Costa A, Peppe A, Dell'Agnello G et al (2003) Dopaminergic modulation of visual-spatial working memory in Parkinson's disease. Dementia and Geriatric Cognitive Disorders 15:55-66

Cousins DA, Burton EJ, Burn D et al (2003) Atrophy of the putamen in dementia with Lewy bodies but not Alzheimer's disease: an MRI study. Neurology 61(9):1191-1195

Dagher A, Owen AM, Boecker H, Brooks DJ (2001) The role of the striatum and hippocampus in planning: a PET activation study in Parkinson's disease. Brain 124(Pt 5):1020-1032

Drayer BP, Olanow W, Burger P et al (1986) Parkinson plus syndrome: diagnosis using high field MR imaging of brain iron. Radiology 159(2):493-498

Dubois B, Malapani C, Verin M et al (1994) Cognitive functions and the basal ganglia: the model of Parkinson disease. Rev Neurol (Paris) 150(11):763-770

Fahn S, Elton R (1987) Unified Parkinson's disease rating scale. In: Fahn S, Marsden CD, Clane D, Goldstein M (eds.), Recent Developments in Parkinson's Disease, pp. 153–163

Folstein MF, Folstein SE, McHugh PR (1975) "Mini-mental state". A practical method for grading the cognitive state of patients for the clinician. J Psychiatr Res 12(3):189-198

Fox NC, Warrington EK, Rossor MN (1999) Serial magnetic resonance imaging of cerebral atrophy in preclinical Alzheimer's disease. Lancet 353(9170):2125

Ghaemi M, Hilker R, Rudolf J et al (2002) Differentiating multiple system atrophy from Parkinson's disease: contribution of striatal and midbrain MRI volumetry and multi-tracer PET imaging. J Neurol Neurosurg Psychiatry 73(5):517-523

Gotham AM, Brown RG, Marsden CD (1988) 'Frontal' cognitive function in patients with Parkinson's disease 'on' and 'off' levodopa. Brain 111(Pt 2):299-321

Grossman M, Carvell S, Gollomp S et al (1991) Sentence comprehension and praxis deficits in Parkinson's disease. Neurology 41(10):1620-1626

Grossman M, Cooke A, DeVita C et al (2002a) Age-related changes in working memory during sentence comprehension: an fMRI study. Neuroimage 15(2):302-317

Grossman M, Zurif E, Lee C et al (2002b) Information processing speed and sentence comprehension in Parkinson's disease. Neuropsychology 16(2):174-181

Grossman M, Cooke A, DeVita C, et al (2003) Grammatical and resource components of sentence processing in Parkinson's disease: an fMRI study. Neurology 60(5):775-781

Hajnal JV, Doran M, Hall AS et al (1991) MR imaging of anisotropically restricted diffusion of water in the nervous system: technical, anatomic, and pathologic considerations. J Comput Assist Tomogr 15(1):1-18

Hashimoto M, Kitagaki H, Imamura T et al (1998) Medial temporal and whole-brain atrophy in dementia with Lewy bodies: a volumetric MRI study. Neurology 51(2):357-362

Hu MT, White SJ, Chaudhuri KR et al (2001) Correlating rates of cerebral atrophy in Parkinson's disease with measures of cognitive decline. J Neural Transm 108(5):571-580

Huber SJ, Shuttleworth EC, Christy J et al (1989) Magnetic resonance imaging in dementia of Parkinson's disease. J Neurol Neurosurg Psychiatry 52(11):1221-7

Jack CR Jr, Petersen RC, O'Brien PC, Tangalos EG (1992) MR-based hippocampal volumetry in the diagnosis of Alzheimer's disease. Neurology 42(1):183-188

Jackson EF, Narayana PA, Wolinsky JS, Doyle TJ (1993) Accuracy and reproducibility in volumetric analysis of multiple sclerosis lesions. J Comput Assist Tomogr 17(2):200-205

Janvin C, Aarsland D, Larsen JP, Hugdahl K (2003) Neuropsychological profile of patients with Parkinson's disease without dementia. Dement Geriatr Cogn Disord 15(3):126-131

Junqué C, Ramirez-Ruiz B, Tolosa E et al (2005) Amygdalar and hippocampal MRI volumetric reductions in Parkinson's disease with dementia. Mov Disord 20(5):540-544

Keller TA, Carpenter PA, Just MA (2001) The neural bases of sentence comprehension: a fMRI examination of syntactic and lexical processing. Cereb Cortex 11(3):223-237

Laakso MP, Partanen K, Riekkinen P et al (1996) Hippocampal volumes in Alzheimer's disease, Parkinson's disease with and without dementia, and in vascular dementia: An MRI study. Neurology 46(3):678-681

Le Bihan D, Turner R, Douek P, Patronas N (1992) Diffusion MR imaging: clinical applications. AJR Am J Roentgenol 159(3):591-599

Lee C, Grossman M, Morris J et al (2003) Attentional resource and processing speed limitations during sentence processing in Parkinson's disease. Brain Lang 85(3):347-356

Lewis SJG, Cools R, Robbins TW et al (2003a) Using executive heterogeneity to explore the nature of working memory deficits in Parkinson's disease. Neuropsychologia 41:645-654

Lewis SJ, Dove A, Robbins TW et al (2003b) Cognitive impairments in early Parkinson's disease are accompanied by reductions in activity in frontostriatal neural circuitry. J Neurosci 23(15):6351-6356

Lieberman P, Friedman J, Feldman LS (1990) Syntax comprehension deficits in Parkinson's disease. J Nerv Ment Dis 178(6):360-365

Lieberman P, Kako E, Friedman J et al (1992) Speech production, syntax comprehension, and cognitive deficits in Parkinson's disease. Brain Lang 43(2):169-189

McKeith IG, Galasko D, Kosaka K et al (1996) Consensus guidelines for the clinical and pathologic diagnosis of dementia with Lewy bodies (DLB): report of the consortium on DLB international workshop. Neurology 47(5):1113-1124

Monchi O, Petrides M, Doyon J et al (2004) Neural bases of set-shifting deficits in Parkinson's disease. J Neurosci 24(3):702-710

Monchi O, Petrides M, Mejia-Constain B, Strafella AP (2007) Cortical activity in Parkinson's disease during executive processing depends on striatal involvement. Brain 130(Pt 1):233-244

Nagano-Saito A, Washimi Y, Arahata Y et al (2005) Cerebral atrophy and its relation to cognitive impairment in Parkinson disease. Neurology 64(2):224-229

Owen AM, Doyon J, Dagher A et al (1998) Abnormal basal ganglia outflow in Parkinson's disease identified with PET. Implications for higher cortical functions. Brain 121(Pt 5):949-965

Owen AM, Iddon JL, Hodges JR et al (1997) Spatial and non-spatial working memory at different stages of Parkinson's disease. Neuropsychologia 35:519-532

Owen AM, James M, Leigh PN et al (1992) Fronto-striatal cognitive deficits at different stages of Parkinson's disease. Brain 115 (Pt 6):1727-1751

Petersen RC, Doody R, Kurz A et al (2001) Current concepts in mild cognitive impairment. Arch Neurol 58(12):1985-1992

Pierpaoli C, Jezzard P, Basser PJ et al (1996) Diffusion tensor MR imaging of the human brain. Radiology 201(3):637-648

Price S, Paviour D, Scahill R et al (2004) Voxel-based morphometry detects patterns of atrophy that help differentiate progressive supranuclear palsy and Parkinson's disease. Neuroimage 23(2):663-669

Ramirez-Ruiz B, Marti MJ, Tolosa E et al (2005) Longitudinal evaluation of cerebral morphological changes in Parkinson's disease with and without dementia. J Neurol 252(11):1345-1352

Raven JC (1962) Standard Progressive Matrices:set A, AB, B. Lewis, London

Riekkinen P Jr, Kejonen K, Laakso MP et al (1998) Hippocampal atrophy is related to impaired memory, but not frontal functions in non-demented Parkinson's disease patients. Neuroreport 9(7):1507-1511

Samuel M, Ceballos-Baumann AO, Blin J et al (1997) Evidence for lateral premotor and parietal overactivity in Parkinson's disease during sequential and bimanual movements. A PET study. Brain 120(Pt 6):963-976

Savoiardo M (2003) Differential diagnosis of Parkinson's disease and atypical parkinsonian disorders by magnetic resonance imaging. Neurol Sci 24(Suppl 1):S35-S37

Scheltens P, Leys D, Barkhof F et al (1992) Atrophy of medial temporal lobes on MRI in "probable" Alzheimer's disease and normal ageing: diagnostic value and neuropsychological correlates. J Neurol Neurosurg Psychiatry 55(10):967-972

Schocke MF, Seppi K, Esterhammer R et al (2002) Diffusion-weighted MRI differentiates the Parkinson variant of multiple system atrophy from PD. Neurology 58(4):575-580

Schocke MF, Seppi K, Esterhammer R et al (2004) Trace of diffusion tensor differentiates the Parkinson variant of multiple system atrophy and Parkinson's disease. Neuroimage 21(4):1443-1451

Schulz JB, Skalej M, Wedekind D et al (1999) Magnetic resonance imaging-based volumetry differentiates idiopathic Parkinson's syndrome from multiple system atrophy and progressive supranuclear palsy. Ann Neurol 45(1):65-74

Seppi K, Schocke MF, Esterhammer R et al (2003) Diffusion-weighted imaging discriminates progressive supranuclear palsy from PD, but not from the parkinson variant of multiple system atrophy. Neurology 60(6):922-927

Seppi K, Schocke MF, Mair KJ, et al (2006). Progression of putaminal degeneration in multiple system atrophy: a serial diffusion MR study. Neuroimage 31(1):240-245

Summerfield C, Junque C, Tolosa E et al (2005) Structural brain changes in Parkinson disease with dementia: a voxel-based morphometry study. Arch Neurol 62(2):281-285

Tam CW, Burton EJ, McKeith IG et al (2005) Temporal lobe atrophy on MRI in Parkinson disease with dementia: a comparison with Alzheimer disease and dementia with Lewy bodies. Neurology 64(5):861-865

Taylor AE, Saint-Cyr JA, Lang AE (1986) Frontal lobe dysfunction in Parkinson's disease. The cortical focus of neostriatal outflow. Brain 109(Pt 5):845-883

Wahlund LO, Barkhof F, Fazekas F et al (2001) A new rating scale for age-related white matter changes applicable to MRI and CT. Stroke 32(6):1318-1322

Wechsler D (1981) WAIS-R, Wechsler Adult Intelligence Scale Revised. The Psychological Corporation, New York

In questo capitolo passeremo in rassegna le possibili applicazioni di alcune recenti metodologie nella diagnosi e nello studio dell'evoluzione clinica della malattia di Parkinson (MP), con particolare riferimento ai disturbi cognitivi. Infatti, sebbene la formulazione della diagnosi di MP si basi soprattutto su criteri clinici, le diverse tecniche di neuroimmagine possono fornire un contribuito per la comprensione degli aspetti fisiopatologici della malattia e per la diagnosi dei differenti quadri parkinsoniani.

Attualmente, le tecniche di neuroimmagine più sensibili alla rilevazione delle caratteristiche della MP sono la tomografia a emissione di positroni (PET) e la tomografia a emissione di fotone singolo (SPECT). Entrambe le tecniche forniscono una misura delle modificazioni striatali, ma non di quelle della substantia nigra compatta (SNc).

La PET viene tradizionalmente applicata nella MP per misurare l'assorbimento della dopamina a livello del nucleo striato laddove la SPECT utilizza un tracciante, CIT, marcatore per i trasportatori della dopamina.

Le evidenze provenienti dagli studi con la PET e con la SPECT hanno suggerito come specifici deficit cognitivi associati alla MP siano modulati da alterazioni del sistema dopaminergico (Kaasinen e Rinne, 2002).

Le immagini SPECT del trasportatore della dopamina (DAT) con specifici radioligandi costituiscono un metodo efficace per esaminare l'integrità del sistema dopaminergico a livello presinaptico. Tuttavia, la sola applicazione della SPECT a scopo clinico non consente una facile diagnosi in pazienti con MP moderata, incompleta o incerta.

Entrambe le tecniche PET e SPECT sono sensibili ai diversi stadi della malattia nei pazienti sintomatici e si rivelano promettenti anche per la rilevazione dei disturbi presintomatici della malattia. Recentemente, Brooks (2004) ha riconsiderato il ruolo della PET e della SPECT come marker biologici per la diagnosi e il monitoraggio della progressione della malattia.

M. Oliveri (✉)
Dipartimento di Psicologia, Università di Palermo, Palermo

Rispetto alle PET e SPECT, la risonanza magnetica nucleare (RM) costituisce una tecnica di facile impiego e relativamente più disponibile.

Tuttavia, nonostante i numerosi tentativi effettuati per evidenziare i cambiamenti nella substantia nigra compatta (SNc), le tradizionali indagini di RM non si sono rivelate particolarmente utili nella diagnosi della malattia.

Gli studi che hanno utilizzato la RM hanno evidenziato nella MP alterazioni del segnale in T1 e in T2 in associazione a un aumento della deposizione di ferro nella SNc.

Altri studi hanno misurato l'ampiezza della SNc attraverso immagini T2-pesate. Sebbene l'assottigliamento di questa struttura sia stato descritto nella MP, l'ampiezza del nucleo è di soli pochi centimetri e mostra un aspetto irregolare a seconda della progressione della malattia. Ciò, osservano Hutchinson e Raff (2000), rende difficile definire con precisione l'ampiezza del nucleo.

Il recente sviluppo di tecniche di risonanza magnetica ad alta definizione, ha rimesso in discussione il ruolo delle immagini strutturali nella diagnosi della MP.

Le immagini di RM ad alta definizione, con acquisizioni volumetriche tridimensionali, sequenze di inversione-recupero consentono attualmente di rilevare alterazioni patologiche della SNc nella maggior parte dei pazienti affetti da forme idiopatiche della MP (Hutchinson e Raff 2000; Schrag et al., 2000).

Hutchinson e Raff, in uno studio di RM che utilizzava una combinazione di due sequenze di impulso, di inversione-recupero, hanno evidenziato cambiamenti strutturali a livello della substantia nigra anche nei casi precoci di MP.

Questo studio ha evidenziato il contributo delle immagini di RM nella rilevazione del disturbo a uno stadio presintomatico di malattia e ha suggerito inoltre il loro possibile impiego come sensibile marker biologico per la progressione della malattia sia nei pazienti presintomatici che sintomatici.

Le neuroimmagini funzionali si sono rivelate un potente strumento di indagine per la MP poiché hanno permesso di combinare l'osservazione comportamentale dei pazienti con i corrispondenti pattern di attivazione neurale.

In particolare, il contributo delle neuroimmagini funzionali si è rivelato particolarmente utile per la comprensione dei disturbi delle funzioni esecutive associati alla MP, in particolare per determinare il contributo della componente corticale e sottocorticale ai disturbi esecutivi presenti nella MP.

Uno studio di Dagher (2001), condotto su un gruppo di pazienti con MP lieve, ha evidenziato durante la performance al *Test della Torre di Londra* una riduzione di attività del nucleo caudato destro mentre l'attività corticale frontale non differiva da quella di un gruppo di controllo.

Anomalie del flusso ematico a livello dei nuclei della base, in pazienti con MP moderata, in associazione a prestazioni deficitarie alla *Torre di Londra* e al *Test di working memory spaziale*, sono state similmente documentate da Owen et al. (1998) in assenza di anomalie corticali frontali.

Le evidenze provenienti dagli studi effettuati con la PET (Marié et al., 1999) hanno confermato la correlazione tra performance ai test delle funzioni esecutive e degenerazione dopaminergica nel nucleo caudato.

In maniera analoga, gli studi di risonanza magnetica funzionale (Lewis et al., 2003) hanno documentato un'associazione tra deficit selettivi di *working memory* e riduzione di attività nel nucleo caudato nei pazienti con MP moderata.

Nel complesso, gli studi di neuroimmagine funzionale convergono nel sottolineare il ruolo del nucleo caudato nei disturbi delle funzioni esecutive presenti nei pazienti con MP moderata.

Recentemente, un ulteriore contributo allo studio dei disturbi cognitivi nella MP è stato fornito dai lavori che hanno utilizzato la stimolazione magnetica transcranica (TMS).

Filippi et al. (2001) utilizzando la TMS hanno documentato la presenza di una iperattivazione tonica del circuito corticale motorio nei pazienti MP, in associazione ad anomalie della immaginazione motoria. In particolare, studiando l'estensione delle mappe corticali motorie in pazienti con MP, gli Autori hanno osservato una riduzione dell'ampiezza e del volume delle mappe motorie durante simulazione mentale del movimento. Tale fenomeno si manifestava selettivamente a livello dell'emisfero controlaterale al lato del corpo inizialmente colpito dalla patologia.

Una serie di studi ha inoltre utilizzato la rTMS a bassa e alta frequenza di una serie di regioni cerebrali per modulare disturbi motori e cognitivi tipici del quadro clinico della MP.

Brusa et al. (2006) hanno documentato che la riduzione di eccitabilità della SMA mediante rTMS a bassa frequenza riduce le discinesie da L-Dopa nella MP, anche se l'effetto non aumenta con l'aumentare delle sessioni di rTMS. Tali dati, anche se non immediatamente trasferibili al livello dell'applicazione clinica, sono a favore dell'ipotesi in base alla quale la SMA svolge un ruolo importante nello sviluppo della discinesia indotta dalla stimolazione dopaminergica.

Koch et al. (2005) hanno dimostrato che l'aumento di eccitabilità della corteccia prefrontale dorso laterale destra mediante rTMS ad alta frequenza (% 5 Hz) migliora i deficit di percezione temporale che fanno parte del quadro clinico della sindrome parkinsoniana. In aggiunta al suo possibile significato di applicazione clinica, tale studio sottolinea l'importanza di un network corticale destro nella percezione e rappresentazione di intervalli temporali.

Sempre sul versante terapeutico, studi recenti (Boggio et al., 2006) hanno messo a confronto gli effetti della rTMS ad alta frequenza della corteccia prefrontale sinistra con gli effetti di un trattamento farmacologico con fluoxetina (20 mg/die) sulle funzioni esecutive di pazienti con MP. I risultati hanno evidenziato un effetto simile di rTMS e fluoxetina su una serie di prove neuropsicologiche, come il *Test di Stroop* e il *Test di Wisconsin*. Considerato l'impatto che la depressione può avere sul quadro neuropsicologico, gli Autori hanno interpretato questi effetti sulle funzioni esecutive come conseguenti al trattamento della depressione.

I numerosi studi sottolineano l'opportunità che le tecniche di neuroimmagine hanno fornito per lo studio della MP, evidenziando il contributo delle diverse regioni corticali e sottocorticali al comportamento nonché la relazione tra pattern di attivazione neurale e differenti aspetti della elaborazione cognitiva.

Infine, le possibilità sia di monitorare la progressione della malattia tramite le neuroimmagini che di modulare direttamente l'eccitabilità delle strutture corticali tramite la rTMS rendono queste nuove metodologie strumenti promettenti anche nell'ambito del trattamento della MP

8

Bibliografia

Boggio PS, Fregni F, Bermpohl F et al (2005) Effect of repetitive TMS and fluoxetine on cognitive function in patients with Parkinson's disease and concurrent depression. Mov Disord 20(9):1178-1184

Brooks DJ (2004) Neuroimaging in Parkinson's Disease. NeuroRx: The Journal of the American Society for Experimental NeuroTherapeutics 1:243-254

Brusa L, Versace V, Koch G et al (2006) Low frequency rTMS of the SMA transiently ameliorates peak-dose LID in Parkinson's disease. Clin Neurophysiol 117(9):1917-1921

Dagher A, Owen AM, Boecker H, Brooks DJ (2001) The role of the striatum and hippocampus in planning: a PET activation study in Parkinson's disease. Brain 124(Pt 5):1020-1032

Filippi MM, Oliveri M, Pasqualetti P et al (2001) Effects of motor imagery on motor cortical output topography in Parkinson's disease. Neurology 57(1):55-61

Hutchinson M, Raff U (2000) Structural changes of the substantia nigra in Parkinson's disease as revealed by MR imaging. AJNR Am J Neuroradiol 21(4):697-701

Kaasinen V, Rinne JO (2002) Functional imaging studies of dopamine system and cognition in normal aging and Parkinson's disease. Neurosci Biobehav Rev 26(7):785-793

Koch G, Brusa L, Caltagirone C et al (2005) rTMS of supplementary motor area modulates therapy-induced dyskinesias in Parkinson disease. Neurology 65(4):623-625

Lewis SJ, Dove A, Robbins TW et al (2003) Cognitive impairments in early Parkinson's disease are accompanied by reductions in activity in frontostriatal neural circuitry. J Neurosci 23(15):6351-6356

Marié RM, Barré L, Dupuy B et al (1999) Relationships between striatal dopamine denervation and frontal executive tests in Parkinson's disease. Neurosci Lett 260(2):77-80

Owen AM, Doyon J, Dagher A et al (1998) Abnormal basal ganglia outflow in Parkinson's disease identified with PET. Implications for higher cortical functions. Brain 121(Pt 5):949-965

Schrag A, Good CD, Miszkiel K et al (2000) Differentiation of atypical parkinsonian syndromes with routine MRI. Neurology 55(8):1239-1240

MIX
Papier aus verantwortungsvollen Quellen
Paper from responsible sources
FSC® C105338

If you have any concerns about our products,
you can contact us on
ProductSafety@springernature.com

In case Publisher is established outside the EU,
the EU authorized representative is:
Springer Nature Customer Service Center GmbH
Europaplatz 3, 69115 Heidelberg, Germany

Printed by Libri Plureos GmbH
in Hamburg, Germany